情商：

善良的种子会开花

丛书主编：方　圆
本册主编：匡　希
参编人员：钱　红　胡伟红　段立珠
常　虹　段东涛　江　鹏
牛　袁　古　丹　夏　天
黄　盛　陈卫平　张学兰
宗以晴

重庆出版集团　重庆出版社

图书在版编目（CIP）数据

情商：善良的种子会开花 / 匡希主编．—重庆：
重庆出版社，2013.6
ISBN 978-7-229-06687-1

Ⅰ．①情… Ⅱ．①匡… Ⅲ．①情商—青年读物②情商
—少年读物 Ⅳ．① B842.6-49

中国版本图书馆 CIP 数据核字 (2013) 第 137294 号

情商：善良的种子会开花

QINGSHANG: SHANLIANGDE ZHONGZI HUIKAIHUA

丛书主编：方　圆
本册主编：匡　希

出 版 人：罗小卫
责任编辑：孙　攀
美术编辑：崔　琦
版式设计：何　真

重庆出版集团
重 庆 出 版 社 出版

重庆市长江二路 205 号 邮政编码：400016 http://www.cqph.com
重庆华林天美印务有限公司印刷
重庆市天下图书有限责任公司发行
重庆市渝北区财富大道 19 号财富中心财富三号 B 栋 8 楼 邮政编码：401121
淘宝官方购物网址：http://ktnwts.tmall.com
全国新华书店经销

开本：787mm × 1 092mm　1/16　印张：8　字数：150 千
版次：2013 年 12 月第 1 版　印次：2013 年 12 月第 1 次印刷
书号：ISBN　978-7-229-06687-1
定价：18.00 元

如有印装质量问题，请向重庆市天下图书有限责任公司调换：023-63659865

前言 情商，是获得成功的关键

很多人都听说过“情商”这个词，可它到底是什么意思呢？有人认为情商主要是指人在情绪、情感、意志、耐受挫折等方面的品质；有人认为情商的意思是“情绪智慧”或“情绪智商”。

其实，情商是在二十世纪九十年代才被提出，并引起全球性研究与讨论的新概念，对于情商的定义，连被誉为“情商之父”的丹尼尔·戈尔曼也没有提出一个精确的概念。这也说明“情商”仍然是现代心理学中的一个新名词，其定义仍在不断更新，不断进步过程中。

在全球的教育领域，一般将“社会情绪能力学习”等同于“情商训练/情商学习”，情商的重要性早已深入人心。

随着未来社会的多元化和融合度的日益提高，从某种意义上讲，较高的情商将有助于一个人获得成功。如果一个孩子从小性格孤僻，不易合作，自卑、脆弱，不能面对挫折，急躁、固执、自负，情绪不稳定，那么他智商再高，也很难取得成就。反之情商高的孩子会有很好的自我认知，积极探索，从探索中建立自信心，懂得对自我情绪的控制，喜欢与人交往，愿意分享、合作，为日后成功做准备。

情商形成于婴幼儿时期，成型于儿童和青少年阶段，它主要是在后天的人际互动中培养起来的。青春期是一个人的黄金时代，因为这是一个人走向成人的一个过渡时期。在这个时期，其学习和发展任务是非常重要的。但是，中学生由于面临着生理上、心理上的急剧变化，还有学业上的巨大压力，这些都会使现代中学生造成心理失衡和复杂的心理矛盾，甚至产生种种不良的后果。据一份22个城市的调查报告显示，在我国中学生中有各种心理问题者达15%~20%，表现形式以亲子矛盾、伙伴关系紧张、厌学和学习困难、考试焦虑等现象为主。这些问题的发生大多与学生的自我控制能力有关，多是源于其心中时常涌出的各种非理性情绪。

弘扬个性、发展能力是素质教育的目标，但这一切都源于心理素质的提高。为此，我们编写了这本书，从“了解自身情绪”“管理情绪”“自我激励”“识别他人情绪”“处理人际关系”这五个领域入手，通过一个个小故事，进行启

前言

发式的心理教育、心理训练，着重开发读者的非智力因素，提高自我心理觉察能力和认知水平，学会自我情绪控制，改善其不适当的情绪行为，提高情商水平，让读者学会“做自己情绪的主人”，使读者树立良好的价值观和具有理性信念的人生观，增强其心理适应能力，提高学习能力，以积极的心态应对各种压力和挑战，促进身心健康发展。

作为一个关爱孩子成长的家长，您是否只把目光放在了孩子的学习成绩和特长能力上？为了孩子的健康成长，请您首先关注孩子的心理素质培养，提升孩子的情商，让孩子找回失去的欢笑，健康快乐地学习、生活！

在现代社会，智商（IQ）、情商（EQ）、财商（FQ）、逆商（AQ）与德商（MQ），并称5Q，是当代青少年不可或缺的五大素质。为适应社会发展对青少年素质提出的要求，我们特地推出这套旨在全方位多角度培养青少年个人素质的“青少年成长必读丛书”，本册书为“青少年成长必读丛书”之一。

本套丛书共有5个分册，即《智商：换种眼光看世界》《情商：善良的种子会开花》《财商：小富翁的赚钱秘籍》《逆商：看谁坚持到最后》《德商：用爱点亮一盏灯》，分别从智商、情商、财商、逆商、德商五个方面，对孩子个人素质的养成进行全方位的引领与帮助。

本套丛书具有以下特点：

短小精悍——书中的每一个故事篇幅都不长，但都能引人深思，不但避免了长篇大论、枯燥乏味的说教，而且能够深深烙印在读者心中。

画龙点睛——对每一个故事都进行了深入浅出的解析，起到画龙点睛的作用，让孩子在阅读的同时潜移默化地提高个人修养。

趣味测试——每章最后都设有趣味测试，不但增强了阅读的趣味性，而且能够使孩子和家长进行有效的互动。

文化积累——故事不仅仅只有教育的作用，还能使孩子的阅读能力得到增强，从而形成自己丰富的文化积累。

在当今复杂多变的社会环境中，青少年素质养成显得尤为重要，但家长和孩子常常感到非常迷茫。“青少年成长必读丛书”的问世，不但告诉了家长一个科学分析孩子性格的方法，还能培养孩子从另一个角度认识自己。

孩子们，我们相信，拥有这一套丛书，你终将抵达梦想的殿堂，拥有一个更加完美的人生。

目录

CONTENTS

第一章
遇见真实的自己

第二章
我的情绪我做主

第三章 家和万事兴

第四章 他们就是我们

第五章 能帮你的只有自己

第一章

遇见真实的自己

每个人都有自己幻想的未来，并由幻想中的自己营造着喜欢的职业、甜蜜的爱情、幸福的家庭、舒适的生活等等，这一切只能存在于幻想之中吗？如果你能准确地识别、评价自己和他人的情绪，包括情绪对象的特征、情绪强度的特征、情绪时间的特征和情绪变化的特征；如果你能及时察觉自己的情绪变化，能归结情绪产生的原因，包括能准确识别自己的需要特征、动机特征和自己的角色特征；如果你能准确地识别环境关系，包括自己与他人的关系，自己所处的任务目标特征和环境结构特征，那么这一切将不再是幻想，你会在未来遇见真实的自己。

情商 PK：**篆刻者、其他宣传干事**
情商最高者：**篆刻者**
情商值：**87**

找到适合自己的那把刀

文/李红都

少年时就爱上书法的他，因为家贫，没有闲钱买墨水和纸张。母亲便找来一支别人废弃的毛笔，用小桶盛了淘米水，让他在家里的水泥地上练字。

有了写“水字”打下的书法基础，他的字迹俊秀洒脱，看着让人心情舒畅。

上了高中，他从《书法》杂志上初次认识并了解了篆刻艺术，那些刀法稳健含蓄、方圆互用的印章让他对篆刻产生了浓厚的兴趣。课余时间，他便找来削铅笔的刀片，在砖头和瓦片上刻了起来。

刀片很薄，一使劲便折断了，家里好几把削铅笔的小刀都被他在砖头上刻字弄断了，怕妈妈训他，他只好撒谎说刀子丢了。

妈妈很快便发现了他的秘密，不仅没责怪他，还省下钱，给他买回了一把专门学篆刻的刀。他学篆刻的劲头更高了。

他找来一些汉印的篆刻作品，比着葫芦画起瓢。因为手法生疏，缺少老师的指导，他的指头被锋利的篆刀割破是常有的事。看着他手上深深浅浅的伤痕，妈妈心疼了。他却笑着说，这点儿伤算什么？

高中毕业，他没考上大学，本想复读再考一次，可是想到家里拮据的经济，还有正上中学的弟妹，他咬咬牙，把复读的愿望咽了下去。

他到一家工厂找了份钳工的工作，开始跟钳子、锯、锉刀打交道。劳累的工作没有磨灭他的梦想，业余时间，他仍然喜欢搞篆刻。但是工资除去生活费，大半用来给弟妹交学费了，市场那些昂贵的篆刻刀，一直是他想要而不舍得买的奢侈品。

一个偶然的机会，他将师傅干活报废下来的一把锉刀磨成了篆刀，想看看能不能代替白金刀提高篆刻作品的精细度。没想到，这个小改革令他的篆刻作品质量猛升——笔画弯转更显自然，印面也更显得浑厚端庄。从此，用废锉刀改制的篆刻刀成了他的“独家兵器”。

一把把废锉刀经过他精心改造，比价格昂贵的白金刀还好使。意外的发现令他兴奋不已，也给他的人生带来了转机。

公司重视企业文化，经常组织职工文

体活动，在举办的几次职工篆刻比赛当中，他都名列榜首。那些绽放在方寸间的造型艺术，或厚重肃穆，或圆润古朴，很见功力。很快，他成了公司小有名气的篆刻家，并渐渐走进了市篆刻协会的行列。

单位领导惜才，调他到政工科做宣传干事。工作性质和环境的改变，让他在篆刻艺术上有了更多提升和发挥才能的余地。但是，与身边那些高文凭的科班同仁相比，他明显底气不足：自己没后台，没文凭，在这个位置能坐多久？

一想到这里，焦虑便如潮水从心底涌出。他拿起篆刀，闷闷不乐地刻着宣传标语。

突然，一个想法如闪电穿过他的大脑：手里这把篆刀原来只是一把报废了的锉刀，价格远不如专业的白金刀。但是，经过他用心地磨削改造，性能已超过了白金刀。他为什么就不能把自己磨砺得比科班的宣传人员更有价值呢？

他开始找来专业的新闻写作书籍学习，不断提高自己写通讯、消息的能力。业余时间，他继续在篆刻上发展，并试着摸索一条将爱好与宣传工作结合起来的路子。

功夫不负有心人。一年后，频频在内刊发表新闻稿的他，走进了公司优秀通讯员的行列。公司安全月宣传，他精心篆刻出“安全是福”；单位抓廉政教育，他又及时刻制出“镜鉴”；春节，他乐呵呵地篆刻出“百佛祈福”；五一，他又满怀激情地篆刻出“劳动光荣”……一枚枚印章都是精品，疏密有致，饱含了他对企业深深的祝福。

在宣传工作上的出色业绩，让他这个没有文凭的“土八路”有了立足于科班宣传干事间的自信。他的职场路，因为他的努力，越走越宽。

业余时间，他广结善缘，积极参加省市级各类篆刻艺术比赛，作品被报纸专版刊登，姓名入编《中国现代书画篆刻界名人录》。之后，他加入了省篆刻协会，被业内人士推选为某书画院秘书长，他的篆刻作品被很多人高价收藏。一时间，出身卑微的他拥有了众多粉丝的欣赏。

有人向他请教成功的秘诀，他笑着拿起那把篆刀：篆刻作品的成功与刀具的贵贱无关，关键是要找到最适合自己的那把刀。做人也当如此，要想成功，只需认准方向，并努力将自己磨砺得比他人更有价值。

情商分析 如果说他成功是依靠一把篆刀，倒不如说是他找对了适合自己的那把刀。

情商借鉴 选对自己的那把刀

情商 PK：**凯特、英国老头、中国同学**
情商最高者：**凯特**
情商值：**90**

熬果酱的女孩

文/明前茶

和所有学戏剧的中国同学不同，来自英国肯特郡的高个子姑娘凯特，快毕业时找到的一份工作，是在一间西点屋里熬果酱。那间西点屋的主人是个在北京生活了近 20 年的英国老头，他做了多年面包，十指的关节像操劳过度的老妇一样变了形。当他听到凯特抱怨说，北京找不到上好的涂面包的现熬果酱时，老人摊开大手给她看：“我们所有的美梦和荣耀都来自这双手，姑娘，你为什么不尝试自己熬果酱呢？”

凯特大吃一惊。她来中国是因为对古老的戏剧文学感兴趣。在英国，熬果酱是祖母和妈妈们的事，至于20多岁的女孩子，能记得在朋友们的聚会前，开车回家拿几瓶蓝莓酱或橙子酱，已经相当“贤惠”。自己做果酱？凯特茫然地说：“在北京，一小盒有机蓝莓要卖 15 元，只够做两茶匙果酱，成本那么高，卖给谁呢？”

英国老头笑了，拿出一整篮新鲜水果给她看：“北京有北京的美味。山里红、海棠果、花红小苹果、水晶梨、野柿子……这些果子都是大自然的心跳。你怎么能说离了英国就接不上地气呢？”

没错，从盛夏到深秋，做果酱是怎样一种“美得冒泡”的小日子啊，切开 380 粒樱桃，去核，才能熬得一瓶樱桃酱。而替 30 粒花红小苹果削皮去核，就够熬一瓶苹果酱了。

一位卖梨的大婶教她熬冰糖梨酱，说这是解秋燥的好东西。这是相当考验耐心的熬法：锅中需加入大量的冰糖，但又不能让一丝糖沾锅底，带出煳味。因此熬果酱时所开之火只能有蜡烛头那么大，要不停地旋转锅，保证梨汁中央一直有一个漩涡在开放。最后，要加入少许黄河蜜瓜切成的细丝——奇迹出现了，梨汁从浅琥珀色变成了碧莹莹的软琉璃色，蜜瓜的绿色果肉不但为梨酱增加了软韧的口感，还使梨酱变得格外晶莹剔透。

当然熬果酱是很苦的，熬杏酱的时候，凯特的双手都被杏汁所染，腌得发疼，好像戴了一副黄手套；熬山楂酱时为了去核，凯特的手指被划得伤痕累累……但还有什么日子，比熬成果酱的那个彻夜未眠的早晨更让人欣喜呢！果酱带着朝阳的颜色，流淌进一个个宽口小瓶里，仿佛带着无尽的爱意与思念。它们最终被软木塞严严实实地封起来，凯特再给它们披上“红盖头”——一小块喜洋洋的红色花布蒙紧瓶盖，被手工麻绳扎紧。

许多中国同学都不理解凯特的选择，她越洋留学，难道不是为了将来回国能成为英国某个东方研究院的专家学者吗？熬果酱？多浪费人才啊。

对此，23岁的凯特是这样解释的：并不是每个跑龙套的最终都渴望成为头牌。比如她，念了这么多年的书，猛回头，才明白自己并不想做舞台聚光灯下，那个唱做念打之人，她想做的，是偏安一隅，悠然自得地操着胡琴的人。

很明显，任何一个舞台也少不了琴师，他也是一台戏的灵魂之一，那些紧张地奔走在聚光灯下的人，怎能懂得一个人仅凭一把弓，就能操纵人生节奏的得意呢？她要的，无非是这份“最靠近入世入戏的门槛，却无须亮相”的自在。

熬果酱的工作，就给了她这份机遇。

情商分析 要相信每个人的人生轨迹都是独一无二的；相信只要努力付出，人生的旅程终将会开花结果；相信坚持自己的信念，即使路上会有崎岖弯路，会有荆棘密布，最终将寻找到坚定的自己。

情商借鉴 坚持自我，做自己喜欢的事

情商 PK：**加贺千代女、男孩、院长、佣人**
情商最高者：**加贺千代女、院长**
情商值：**88**

做好自己就是最大的救赎

文/李剑红

小时候，我常常羡慕别人，常常觉得我不如周围的孩子聪明，不如身边的女孩漂亮。后来我发现，我有他们所没有的长处：我比他们更加勤奋，比他们更加刻苦，我的学习成绩也比他们要好。我穿的衣服没有他们那样昂贵，我的父母没有他们父母有钱——可是我的知识比他们丰富，我的头脑比他们更加善于思考，我的心灵比他们更加充实。

长大以后，我常常听到周围人的慨叹："如果我是张学友就好了，我可以成为一名歌星！如果我是张柏芝就好了，那样我就是有名的影星大腕！""如果我是马拉多纳……如果我是贝多芬……"他们一直在羡慕别人，用别人的优点来对比自己的不足而发出叹息。事实上他们永远不能够成为别人，因为他们只能做自己。

日本江户时代有位很出名的女艺人，名叫加贺千代女。有一位贵族请她去府上演出。当时府中的女佣人都知道这千代女是鼎鼎有名的人物，便拥挤着想偷偷一睹她的芳容。

没想到千代女是个长相很丑的女人，所以当她要离开时，就有女佣在背后指指点点说："我还以为今天能看见个大美人，没想到她竟是个丑八怪。她能成为艺妓可真奇怪，早知道我也不到厨房干活，去台上卖丑还能出名呢！"这句讥笑的话还故意说得很大声。千代女听了这话之后，只微微笑着说："虽有一抱之粗，但柳树依然是柳树……"

千代女的自信与睿智，以及她从容不迫的态度，使在场的人对她更加佩服。

每个人都有自己的缺点，也都有自身独特之处。事实上，你不可能成为别人，你只是你自己。何须去艳羡别人，只要认真而自信地活好你自己就够了。

我曾经听过这样一个故事：有一个生长在孤儿院中的小男孩，常常悲观地问院长："像我这样没人要的孩子，活着究竟有什么意义？"有一天，院长交给男孩一块石头说："明天早上，你拿这块石头到市场去卖，但不是‘真卖’，记住，无论别人出多少钱，绝对不能卖。”

第二天，男孩拿着石头蹲在市场的角落里，意外地发现有不少人对他的石头非常感兴趣，而且价钱愈出愈高。回到孤儿院，男孩兴奋地向院长报告，院长笑笑，要他明天拿到黄金市场去卖。在黄金市场上，有人出比昨天高10倍的价钱来买这块石头。

最后，院长叫孩子把石头拿到宝石市场上去展示。结果，石头的身价又涨了10倍，更由于男孩怎么都不肯卖，竟被传扬为“稀世珍宝”。男孩兴冲冲地捧着石头回到孤儿院，把这一切告诉给院长，并问为什么会这样。

院长没有笑，望着孩子慢慢说道：“生命的价值就像这块石头一样，在不同的环境下就会有不同的意义。一块不起眼的石头，由于你的珍惜、惜售而提升了它的价值，竟被传为稀世珍宝。你不就像这块石头一样吗？只要看重自己，自我珍惜，生命就有意义，有价值！”

情商分析 其实我们每个人都是无价之宝，无论是容貌丑陋、才华横溢的艺人千代女，还是孤儿院里的小男孩，生命本身没有高低贵贱之分。不要自卑，要相信你自己是独一无二的！做好你自己，挖掘你自身的潜力，你的人生会更精彩！

情商 PK：**摄影师、实习生**
情商最高者：**摄影师**
情商值：**86**

知行合一，难在哪

文/若若

一次我让一个实习生去复印一份文件。文件倒是复印好了，只是印歪了——下半页的最后一行字不见了。不过可以凭上下文猜出意思。这是个名校毕业生，简历上有着策划组织过多次社会活动的辉煌“战绩”，并且他对自己的组织管理能力很自信。

对他的综合能力，我并没有证据去怀疑。但就这一次“复印”任务的完成效果来看，我有理由质疑他的执行能力。显然他低估了这项工作的难度，因而没有投入足够的精力。

我有个很拽的摄影师朋友的口头禅是“这个简单，我用脚都能拍”。但她厉害的地方在于，她给予那些只配用“脚”去拍摄的项目的重视程度基本上都能让客户满意。而这个实习生没能成功地做到这一点。也许对他来说，“复印”这个活儿闭着眼睛都能做好。而事实上的情况是，“闭着眼睛”时他没做好。

因此，同样很骄傲的两个人，摄影师给人的印象是做事踏实，而实习生则难逃“眼高手低”的判词。

想到了，而不去做，首要原因是患得患失。我有个朋友处于长时期的夫妻分居状态。丈夫被公司派往别的城市，并且对何时回来一无所知。每当朋友聚会，说起烦心事，不用你提，她会主动分析自己烦恼的原因——“我知道，夫妻长期分开不好”，但她迟迟没有行动，是因为不舍得失去现有的安定体面的工作。

她不知道的是，她的行动其实代表了她的选择：工作 > 家庭，工作 > 快乐。然而她却不是这样认为的，她对自己的定义是家庭第一。如果她安于自己的选择，乐于承受这种选择可能导致的后果当然也很好。问题就是一般这样的人都不愿意接受任何损失，而只期待最好的结果出现——她原地不动，丈夫早日回来。

害怕失败，则是行动受阻的第二大原因。我信奉过程大于结果的价值取向，但周围的很多人不是。每次我提及周边哪个人又毅然辞职创业，或者远走他乡追寻理想，都会被别人浇冷水：他是成功了，可是又有多少人也这么做却没有成功的呢？我的逻辑是：有想法，去实践，至少有实现的可能性。这种可能性是最最重要的。

而很多人的逻辑是：没有必胜的把握就冒失行动，会比原地不动输得更惨。这两种逻辑都没错。问题在于什么对你是最重要的——是稳定，还是生命的激情？我有个前同事先是辞职开了贸易公司，挣了不少钱。最近听说他卖掉了挣来的两幢房子去实现开心理工作室的理想，结果赔得血本无归，如今又回到了当年辞职时的原点——甚至还不如当年，辞职时毕竟他还有点积蓄。

但我坚信经过这次打击，他会更成熟，而他有创意的生命力则会引导他最终走向辉煌。即使到最后，他依然没折腾出什么来，至少他可以问心无愧地写个墓志铭：想做的事，我都做了。这比浑浑噩噩过了一辈子安稳日子更值得尊敬。

原因三，对自己的认识有误。以为自己是有事业心的勇士，当听说需要连续100天早上6点起床后就放弃了。其实有些时候承认一下自己是个平庸的人，人生会快乐很多。

解决了这三个问题后，就进入操作层面了，比如该如何用最少的精力去完成复印这件事，这需要你对自己的整体实力以及面对的困难有清楚而全面的认识。对于这一代聪明的年轻人，这实在算不上是什么问题。

情商分析 实际生活中，我们脑子里想的和实际上做的，在很多时候是天壤之别。而一个人被外界所认识，主要是做了什么，而不是想了什么。所以我们的信念和行为是否统一就变得尤为重要了。

情商借鉴 知行要合一

情商 PK：**蔡伟**
情商最高者：**蔡伟**
情商值：**92**

梦想，从来不卑微

文/陈 勇

2009年4月，古文字学泰斗裘锡圭教授与另外两名著名学者联名写了一封推荐信，连同复旦大学的申请一起送到了教育部，请求特批一位只有高中文凭的38岁的三轮车夫考博士，申请很快就得到了许可。而这位三轮车夫也不负厚望，以优异的成绩通过层层考核，最终以“准博士生”的身份叩开了复旦大学的校门，这位三轮车夫就是蔡伟。

从小时候开始，蔡伟就很喜欢古代文学，他还特别喜欢练习书法，没想到正是在临摹书帖时，他对中国古代文字产生了浓厚的兴趣。从高一开始，蔡伟的语文成绩就已经出类拔萃，有时语文老师遇到生僻字也会向他请教。高二时，蔡伟在《文史》上偶然看到裘锡圭教授的一篇论文，从此被研究古文字的学科——“小学”所深深吸引。可是，由于数学和英语成绩不好，蔡伟没有通过高考这关，高中毕业后成了一家胶管厂的工人。

由于胶管厂经济效益不好，3年后蔡伟下岗了，他先是在一家商场门口摆摊维持生计，之后又蹬起了三轮车。对于物质生活蔡伟没有太高的要求，工作之余他将古文字研究当成了自己全部的精神寄托。

凡是能抽出来的时间，蔡伟几乎都泡在锦州市图书馆里，在这里蔡伟饱读古代经典。但是图书馆中有很多古籍不能外借，复印对蔡伟来说又太贵了，于是他想出了一招：抄。《方言》和《尔雅》这两本晦涩难懂的“小学”典籍也被他全文抄写了下来，而且倒背如流。

在手抄《尔雅》的扉页上，蔡伟还写上“积微言细，自就鸿文”，意思是从细微处积累，努力奋进，最终取得大成就。这是他的自勉，也是一直藏在他心中的梦想。

有些人对蔡伟的行为很不理解，觉得他有点傻。“一个摆地摊、蹬三轮的，还要抽时间看书，真酸”，“饭都吃不饱了，还有工夫看‘闲书’，真是不务正业”。但对于蔡伟而言，研究古文字带给他的那种成就感是无法用语言表达的。

1995年，一直坚持自学的蔡伟给裘锡圭教授写了一封信。在学术圈内，裘教授的严谨务实是出了名的，看了蔡伟提出的一些学术见解后，裘教授大为赞赏，回信鼓励他：“不计功利，刻苦潜修，十分钦佩。”

1997年，裘锡圭教授在《文物》上发表文章《〈神乌赋〉初探》，文中提及尹湾汉墓出土的简牍篇目《神乌赋》，其中的“佐子”不明其意。蔡伟看到文章后写信告知裘教授“佐子”应读为“嗟子”，亦即“嗟”，是叹词。后来裘教授又在《文物》上发表文章《“佐子”应读为“嗟子”》，并热情称赞蔡伟“其言甚为有理”。

2003年之后，蔡伟在国学网上陆续发了一些文章，“他写东西不多，很谨慎，难得的是，能把出土文献和传世文献结合起来看。”裘教授说，蔡伟的一些想法很有见地，“比如郭店楚墓竹简《老子》中有一句‘莫之其亘’，‘亘’通常认作‘恒’，从词义上讲不太好理解，蔡伟提出，楚简中常把‘极’写成‘亘’，有终极的意思。对我很有启发。”

2008年9月，经专家引荐，蔡伟来到上海，参与了复旦大学出土文献与古文字研究中心《长沙马王堆汉墓简帛集成》项目的整理工作。经过一段时间的共事，蔡伟在古文字研究上表现出的能力让同事们刮目相看。特别是蔡伟对古籍经典有惊人的记忆，研究中心的一些研究生需要找很久的资料或史实，蔡伟竟然能马上说明出处，并能迅速翻阅到某本古籍的第几页佐证。这次合作让复旦大学出土文献与古文字研究中心的教授们达成了共识：一定要破格吸收蔡伟报考博士，成为古文字研究的专业人员。

2009年4月，在裘教授等多名专家学者的大力推荐下，已经坚持自学20年的蔡伟终于获得了考博的机会并最终顺利通过了考试。

很多时候，我们在生活中扮演的都是一个卑微的角色，但是卑微的人依然可以有梦想，梦想却从来都不卑微。只要我们坚持不懈地为之努力，终有一天我们可以自豪地告诉全世界，我已梦想成真。

情商分析

真正的卑微不是浮尘的微小，也不是水滴的短暂，而是转瞬即逝的光芒。一个人的卑微是在于他没有梦想，没有自信，面对黑暗甘心潜藏，甚至卑躬屈膝地乞讨阳光。这样的人生才是真正的卑微，不值得一提。

情商借鉴

坚持梦想，创造奇迹

情商 PK：**大象、造物主**
情商最高者：**大象**
情商值：98

丑鼻与命运

文/牟丕志

造物主在造大象的时候，一时疏忽把大象的鼻子拉得又大又长，让大象变得奇丑无比。它想为大象重新造一个鼻子，但是转念一想，世界上已经有很多美丽的动物了，比如老虎、长颈鹿、天鹅、孔雀等，也应该有一些丑陋的动物，这样才会使世界变得丰富多彩。于是，它决定让大象接受丑陋的事实。

大象一开始不知道自己长得丑陋，它喜欢到动物中间去活动。可是，别的动物见了它后都纷纷躲开了，像是碰到了怪物。大象十分纳闷，心想，自己是一个善良温和的动物，从没有伤害过其他动物，可是为什么大家如此不愿意和我在一起呢。它感到莫名其妙。

有一天，大象去湖边喝水。湖水清如明镜，大象仔细地看着自己在水中的影像。天哪，自己怎么这样丑陋呀。甭说别的动物不愿意和自己在一起，就是自己对自身的形象都感到恶心。对此，大象伤心极了。它心里想，造物主，你这不是有意捉弄我吗，为什么给别的动物制造出比例合适而且好看的鼻子，偏偏给我造了一个奇丑无比的鼻子。我该如何对待这只丑鼻子呀？

不过，大象是心胸宽广的动物，它面对了现实——它决定善待这个丑鼻子。它想，既然有了这个丑鼻子，那么就用它做些事情吧。它先学会用鼻子吸水。只要自己站在河边上，它把长长的鼻子往河里一伸，就很容易吸到河中的水。别的动物喝不到水的地方，而大象往往能够喝到。大象还用长鼻子去卷树枝，拔树干，作为自己的食物。由于大象的鼻子又长又大，它能够弄到很高地方的树枝、树叶，拔很粗的树木——丑鼻子给大象带来了数不清的好处。由于丑鼻子发挥了作用，大象吃到和喝到的东西又多又好，由于经常用鼻子干活，大象得到了很好的锻炼，它的身体越来越强壮。亿万年之后，大象成为陆地上最强大的动物，很少有动物敢挑战大象。

某一天，造物主忽然想起了大象和它的丑鼻子。造物主感到很内疚，觉得因为自己一时的突发奇想，却给大象造成了终生的缺憾。于是，它想找到大象，给它重新造一只好看的鼻子。可是，当它找到大象时，却吃惊地发现大象不是原来的样子了，它变成了庞然大物——鼻子比原来大多了，长多了，看上去并不丑，而是显得很有力量。

“这就是大象！”造物主惊叹一声。它意味深长地说道：“大象是一个聪明的动物，它把自己的丑陋变成了一种力量，丑鼻子已成为大象生存的法宝，看来我没有必要再改造它了。”

情商分析

人都不希望自己长得丑陋，但是你若长得丑陋该怎么办？自惭形秽是不能解决问题的，最为明智的选择是以此作为抗争的动力，将丑陋转化为一种力量。当你变得强大的时候，丑陋便会转变为美丽。

情商借鉴

改变自己，把不利于自己的因素转化为有利的一面

情商 PK：**年轻人、长者**
情商最高者：**长者**
情商值：**95**

你有自己的芳香

文/矫友田

有一个年轻人，很希望能够做出一番自己的事业来。开始，他也总是尝试着鼓足勇气去做每一件事情。但是，渐渐地他就对自己失去了信心，结果一事无成。因此，他感到很自卑。于是，他去拜访一位成功的长者，希望从长者那里获得一些成功的启示。见面之后，他问了长者这么一个问题："为什么别人努力的结果总是成功，而我努力的结果却是那么糟糕呢？"

长者微笑着摇了摇头，反问他："如果，现在我送你'芳香'两个字，你首先会想到什么呢？"

思忖了一会儿，年轻人回答："我会想到糕点，虽然我开办不久的糕点店已在前些日子停业了，但是我仍会想到那些芳香四溢的糕点。"长者点了点头，然后，便带他去拜访一位动物学家朋友。见面后，长者问了对方一个相同的问题。

动物学家回答："这两个字，首先会使我想到眼下正在研究的课题——在自然界里，有不少奇怪的动物，利用身体散发出来的芳香做诱饵，捕捉食物。"

之后，长者又带他去拜访一位画家朋友，也问了对方这个问题。画家回答："这两个字，会使我联想到百花争妍的野外，还有翩翩起舞的少女。芳香，能够给我的创作带来灵感。"

从那位画家朋友家出来之后，年轻人仍不明白长者的用意。

在返回的途中，长者顺便又带他去拜访了一位久居海外、刚刚回国探亲的富商。在谈话中，长者也问了对方这个问题。

那位久居海外的富商动情地说："这两个字，会使我联想起故乡的土地。故乡土地的芳香，令我魂牵梦绕。"

辞别那位富商之后，长者才问那个年轻人："现在，你已经见过不少出色的人物了。那么，他们对'芳香'的认识与你相同吗？"

年轻人仍不解地摇了摇头。

长者继续问道："那他们对'芳香'的认识，有相同的吗？"

年轻人又摇了摇头。此时，长者笑了，然后意味深长地说："其实在生活中，每一个人都拥有与众不同的芳香，你也一样，拥有自己的芳香。为什么你现在做得不像别人那么出色呢？那是因为你只是在看别人如何欣赏他们自己的芳香，而把自己的芳香给忽视了。”

年轻人终于恍然大悟，决定重拾信心，排除万难，继续走自己的道路，即使道路铺满荆棘。而最后，他也获得了成功——他开的糕点店成了当地的招牌，路过的行人经过他的店铺时，都会由衷地发出感慨：“他家的糕点真香啊！”然而年轻人却在心里默默地想：“真正发出芳香的不是糕点，而是我坚持获得的成功散发的芳香。”

情商分析 长者能很容易看到他人身上的优点是因为他知道每个人都有自己的长处。年轻人之所以一开始没有成功地发现自身的长处，正是因为他忽略了自身的“芳香”，一直认为自己比不上别人，而感到沮丧。

情商借鉴 发现属于自己的芳香

情商 PK：**黄美廉、学生**
情商最高者：**黄美廉**
情商值：100

只看到你所拥有的

文/郭彩霞

她站在台上，时不时不规律地挥舞着她的双手。她仰着头，脖子伸得好长好长，与她尖尖的下巴扯成一条直线。她的嘴张着，眼睛眯成一条线，诡异地看着台下的学生。偶尔她口中也会喃喃细语，不知在说些什么。基本上她是一个不会说话的人，但是她的听力很好，只要对方猜中或说出她的意见，她就会乐得大叫一声，伸出右手，用两个指头指着你，或者拍着手，歪歪斜斜地向你走来，送给你一张用她的画制作的明信片。

她就是黄美廉，一位自小就染患脑性麻痹的病人。脑性麻痹夺去了她肢体的平衡感，也夺走了她发声讲话的能力。从小她就活在众多异样的眼光中，她的成长充满了血泪。

然而她没有让这些外在的痛苦击败她内在奋斗的精神，她昂然面对，迎向一切的不可能。她终于获得了加州大学艺术博士学位，用她的手当画笔，以色彩告诉人"寰宇之力与美"，并且灿烂地"活出生命的色彩"。全场的学生都被她不能控制自如的肢体动作震慑住了。

这是一场倾倒生命以及与生命相遇的演讲会。

"请问黄博士，"一个学生小声地问，"你从小就长成这个样子，请问你怎么看你自己？你都没有怨恨吗？"

我的心头一紧，真是太不成熟了，怎么可以在大庭广众之下问这个问题，太刺激人了，很担心黄美廉会受不了。

"我怎么看自己？"美廉用粉笔在黑板上重重地写下这几个字。她写字时用力极猛，有力透纸背的气势。写完这个问题，她停下笔来，歪着头，回头看着发问的同学，然后嫣然一笑，回过头来，在黑板上龙飞凤舞地写了起来：

一、我好可爱！

二、我的腿很长很美！

三、爸爸妈妈这么爱我！

四、上帝这么爱我！

五、我会画画！我会写稿！

六、我有只可爱的猫！

七、姑姑给我买了最喜欢的蜡笔。

八、邻居琪琪送给我喜欢吃的冰淇淋。

九、我的老师对我严格又温柔。

忽然，教室里鸦雀无声，没有人敢讲话。她回过头来定定地看着大家，再回过头去，在黑板上写下了她的结论：“我只看我所有的，不看我所没有的。”

掌声从学生群中响起，看看美廉倾斜着身子站在台上，满足的笑容从她的嘴角荡漾开来。她的眼睛眯得更小了，有一种永远也不被击败的傲然写在她脸上。我坐在位子上看着她，不觉两眼湿润起来。

走出教室，美廉写在黑板上的结论一直在我眼前跳跃：“我只看我所有的，不看我所没有的。”十几天过去了，我想这句话将永远鲜活地印在我心上。

情商分析 每个人都有自己的缺陷，有些是体现在外表，有些则隐藏在内心。如果我们对于身体或心灵的缺陷耿耿于怀，只会让自己陷入挫败感中，很难走出抑郁的情绪，反而让缺陷占据你的内心，让自己寸步难行。

情商借鉴 只看到自己所有的，学会满足，忽视缺陷

情商 PK：**杂技高手、观众**
情商最高者：**杂技高手**
情商值：**83**

相信自己

文/何友勇

有一位顶尖级的杂技高手。有一次，他被邀请参加了一个极具挑战的演出，这次演出的主题是在两座山之间的悬崖上架一条钢丝，而他的表演节目是从钢丝的这边走到另一边。

演出就要开始了，整座山聚满了观众，当中有记者、主办单位、赞助商和看热闹的人群。这时，只见杂技高手走到悬在山上的钢丝的一头，然后用眼睛注视着前方，伸开双臂，一步、二步、三步……慢慢地，杂技高手终于顺利地走了过去，这时，整座山响起了热烈的掌声和欢呼声。

“我要再表演一次，这次我要绑住我的双手走到另一边，你们相信我可以做到吗？”杂技高手高声地对所有的人说。

我们知道走钢丝靠的是双手的平衡，而他竟然要把双手绑上。但是，因为大家都想知道结果，所以都说：“我们相信你的，你是最棒的！”

于是杂技高手真的用绳子绑住了双手，然后用同样的方式终于又走了过去，“太棒了，太不可思议了！”所有的人都报以最热烈的掌声，他们为此感到兴奋。但是没想到的是，杂技高手又对所有的人说：“我再表演一次，这次我同样绑住双手然后把眼睛蒙上，你们相信我可以走过去吗？”为了能看到更精彩的表演，所有的人都说：“我们相信你！你是最棒的！你一定可以做到的！”观众中发出了欢呼声。

杂技高手果真从身上拿出一块黑布，

蒙住了眼睛，用脚慢慢地摸索到钢丝，然后一步一步地往前走。所有的人都屏住呼吸，为他捏一把汗。终于，他走过去了！掌声雷动！“你真棒！你是最棒的！你是世界第一！”所有的人都在呐喊着。

表演好像还没有结束，只见杂技高手从人群中找到一个少年，然后对所有的人说：“这是我的儿子，我要把他放到我的肩膀上，我同样还是绑住双手，蒙住眼睛，走到钢丝的另一边，你们相信我吗？”这会儿，所有的人都震惊了，但同样的是，他们为了看到令人兴奋的结果，都鼓着掌大声说：“我们相信你！你是最棒的！你一定可以走过去的！”

“真的相信我吗？”杂技高手问道。

“相信你！真的相信你！”所有的人都说。

杂技高手再次问道：“我再问一次，你们真的相信我吗？”

“相信！绝对相信你！你是最棒的！”所有的人再次兴奋而大声回答道。

“那好，既然你们都相信我，那我把我的儿子放下来，换上你们的，有愿意的吗？”杂技高手说。

这时，整座山鸦雀无声，再也没有人敢说相信了。

在我们现实生活中，许多人都会说：我相信我自己，我是最棒的！当我们在喊这些口号时，我们是否真的相信自己？我们会不会一出门后或遇到一点困难就忘掉刚才所喊的这句话呢？

情商分析 只有自己真的相信，才能让别人相信你。也只有当你自己从内心深处相信的是自己，才能设身处地地相信别人。所以，相信自己从相信真实的自己开始吧。

情商借鉴 相信真实的自己

情商 PK：**阿尔伯特·爱因斯坦、记者、大使先生、魏茨曼**
情商最高者：**阿尔伯特·爱因斯坦**
情商值：**100**

爱因斯坦拒绝当总统

文/环 球

1905 年，26 岁的阿尔伯特·爱因斯坦以其三篇论文让世界物理发生了重大革命。1911 年初，爱因斯坦欣然地接受了去奥匈帝国波希米亚省（今捷克）布拉格大学任教授的请求。

一天，一位官员问爱因斯坦："教授先生，您信什么教？""我不信教。""不信教可不行，教授先生！"官员特意把"信教"这两个字说得既清脆又响亮。这位官员继续说："任命教授需要皇帝陛下批准。陛下规定，教授必须信仰上帝。您就随便说一个吧！基督教还是犹太教？"爱因斯坦坚定地回答道："我是犹太人！"

于是，官员便在爱因斯坦的履历表上填了五个字："信仰犹太教。"

在以后的日子里，犹太人越是受歧视、虐待、迫害，爱因斯坦就越是坚定地站在自己同胞的一边，也开始了他与该城的犹太社交圈的广泛接触。

1914 年，德意志帝国巨大的战争机器开始疯狂地运转，各行各业都被纳入了战争的轨道。普鲁士科学院和柏林大学里到处沸腾着大日耳曼民族主义，全世界愤怒地抗议德国军队对比利时的侵犯。而爱因斯坦也像躲避瘟疫一样，躲开了普鲁士科学院和威廉皇帝学会请他加入研究炮弹、潜艇和飞机的战时特别委员会。

同时，他也觉得，在这样的时刻躲避和保持沉默是有罪的，应当站出来大声疾呼，唤醒迷惘中的人民。爱因斯坦在法国文豪罗曼·罗兰的影响下，参加了反战组织同盟，发出了“善良的欧洲人，团结起来”的疾呼。

1915 年 3 月 22 日，他在给罗曼·罗兰的信中说：“许多国家的学者做出的举动，似乎他们的大脑已被切除……如果你认为我微薄的力量有所裨益，那就请随意使用吧！”

1919 年，爱因斯坦遇到了德国犹太复国运动领导人库尔特·布卢门·菲尔德。爱因斯坦对菲尔德动情地说：“我反对民族主义，但我赞成犹太复国主义。作为犹太人，从今天起，我支持犹太复国主义。”

后来，爱因斯坦还曾当众表示：“如果我们不是被迫生活在那些不能容忍异己的、气量小的、狂暴的人们中间，那我就会第一个摒弃一切民族主义，建立一个包容一切的人类大家庭。”

1921 年春天，犹太复国运动领导人魏茨曼来到美国，主动邀请爱因斯坦同行，全力动员美国的犹太人大老板掏腰包，资助耶路撒冷的希伯来大学和以色列的犹太复国主义运动。为了配合老朋友的复国运动，两年后，爱因斯坦来到了他所向往的犹太复国主义运动的要地——特拉维夫城。

在斯科普斯山，爱因斯坦用还比较吃力的希伯来语发表了重要演讲，以表示对犹太复国主义运动的大力支持。他在后来给朋友的信中写道：“那些住在巴勒斯坦的犹太人让我感到很高兴。犹太复国运动应该帮助自己的人民，应该让他们知道利害关系是一致的，应该‘在和平的、共同生活的基础上’达成一项协议。他们应该锻炼一种精神。”

在爱因斯坦看来，“与阿拉伯人民建立正常的关系”无疑是“犹太复国运动最重要的政治目标”。

1948 年 5 月 14 日，以色列国诞生，但不久，以色列与周围阿拉伯国家的战争便爆发了。已经定居在美国十多年的爱因斯坦立即向媒体宣称：“现在，以色列人再不能后退了，我们应该战斗。犹太人只有依靠自己，才能在一个对他们存有敌对情绪的世界上生存下去。”

1952 年 11 月 9 日，爱因斯坦的老朋友——以色列首任总统魏茨曼逝世。在此前一天，就有以色列驻美国大使向爱因斯坦转达了以色列总理本·古里安的信，正式提请爱因斯坦为以色列共和国总统候选人。当天晚上，一位记者给爱因斯坦的住所打来电话，询问他："听说要请您出任以色列共和国总统，教授先生，您会接受吗？""不会，我当不了总统。""总统没有多少具体事务，他的位置是象征性的。教授先生，您是最伟大的犹太人。不，不，您是全世界最伟大的人。由您来担任以色列总统，象征犹太民族的伟大，再好不过了。""不，我干不了。"

爱因斯坦刚放下电话，电话铃又响了。这次是驻华盛顿的以色列大使打来的。大使说："教授先生，我是奉以色列共和国总理本·古里安的指示，想请问一下，如果提名您当总统候选人，您愿意接受吗？""大使先生，关于自然，我了解一点，关于人，我几乎一点也不了解。我这样的人，怎么能担任总统呢？请您向报界解释一下，给我解解围。"大使进一步劝说："教授先生，已故总统魏茨曼也是教授呢。您能胜任的！""魏茨曼和我不是一样的，他能胜任，我不能。""教授先生，每一个以色列公民，全世界每一个犹太人，都在期待您呢！"

爱因斯坦的确被同胞们的好意感动了，但他想得更多的是如何委婉地拒绝大使和以色列政府，既不让他们失望，又不让他们窘迫。

不久，爱因斯坦在报上发表声明，正式谢绝出任以色列总统。

情商分析

在爱因斯坦看来，"当总统可不是一件容易的事"。同时，用爱因斯坦先生自己的话来说："方程对我更重要些，因为政治是为当前，而方程却是一种永恒的东西。"对于爱因斯坦而言，科研的乐趣远胜于当总统带来的威望或者虚荣，所以他选择了最适合自己的路。

情商借鉴

了解自己真正适合什么而做什么，才能体会到生命真实的乐趣

情商测试

QINGSHANG CESHI

测试你的真实性

1. 你更欣赏下面哪种人？

A. 精通一项的人才

B. 什么都懂一点的全才

C. 两种一样欣赏

2. 没电、没水、没燃气，你觉得哪种情况最无法忍受？

A. 没燃气

B. 没水

C. 没电

3. 窗外突然狂风暴雨，你第一反应是去？

A. 收衣服

B. 欣赏狂风雨景

C. 关窗户

4. 你自认是个喜欢接触新事物的人吗？

A. 一般般

B. 不是

C. 是的

5. 你觉得老歌经典，主要是因为？

A. 以前的明星唱得好些

B. 以前的歌写得好些

C. 带着过去的回忆

6. 如果选择电梯楼，你会选择高一点的楼层，还是低一点的楼层？

A. 高一点的

B. 无所谓

C. 低一点的

7. 一个人在外打工，你觉得最无法忍受的是？

A. 孤单寂寞

B. 工作累

C. 赚钱少

8. 翻电话簿，看到一个很久没有联系的好友，你会？

A. 打个电话和对方聊聊天

B. 想一想对方，但是不会做什么

C. 发短信给对方

9. 下面哪种花色的 T 恤你最喜欢？
A. 卡通人物
B. 圆点
C. 横条纹

10. 如果可以选择，你会选择下面什么样的上下班时间？
A. 晚半个小时上班，晚半个小时下班
B. 无所谓
C. 早半个小时上班，早半个小时下班

评分标准

A. 5 分　B. 3 分　C. 1 分

测试结果

45 分以上

你是一个对自己要求很苛刻的人，总是情不自禁在原本可以快乐的世界里“鸡蛋里挑骨头”，自找不痛快。人生不可能如你想象那般美好，友情可以随着时间变淡，甚至变成敌对。爱情也会因为现实而走不到最后，然后发现所谓的天长地久，不过是一场误会。不如顺其自然，什么都看得淡一点，会发现一切不过如此。

25~40 分

你有完美主义的倾向，不管事情重要不重要，你都忍不住斤斤计较一番。把人生看得太透彻，孤单是肯定的。情感的投入也要有个度，付出你能承受的就好，活得潇洒就要学会转移注意力，而不是一味专注。

10~15 分

也许在面对某些问题，某个时刻，你也会有短暂的小纠结，但只要发泄出来，就不会将为难自己进行下去。人生本来就非常简单，而且简单本身就是一种完美，为什么要想得那么复杂？快乐是一天，不快乐也是一天，何不快乐地过呢？

10 分以下

你的内心没有那么多自我强迫，勉强也不是你的风格。人生确实退一步海阔天空，但也不要糊涂过头了哦。如若一不小心与幸福擦肩而过，再回首就只能一声叹息了。

第二章

我的情绪我做主

人生不如意，十之八九。当别人做了一件不合你意的事，你会怎么办？当别人没有征求你的意见，就做了一件与你有关但不合你观念的事，你又怎么办？当一个有能力、有个性、但有棱角的人出现在你身边，你能不能宽容？这时你的一言一行、一举一动都体现着你的情绪！坏情绪会使人急躁狂妄，会使人压抑，甚至绝望。可是如果你能当自己情绪的主人，能适应性地调节、引导、控制、改善自己和他人的情绪，能够使自己摆脱强烈的焦虑忧郁，能积极应对危机，并能增进实现目标的情绪力量，那么，一切将不再是问题。

情商 PK：**张大千**
情商最高者：**张大千**
情商值：95

命运无法控制，性格却可掌握

文/高景轩

“性格为每个人做不同的引航，当我们偏离航道时，它会让我们感觉别扭，一旦逾越它预设的蓝图时，它就会让我们感觉茫然而无所适从。”泰勒·哈特曼如是说。

著名画家张大千长着飘逸的白胡子，看上去颇有点仙风道骨的气质。一个朋友见到大师，好奇地问道：“张先生，你睡觉时，胡子是放在被子上面，还是搁在里头？”张大千每天上床睡觉，从来没注意过自己的胡子，故而据实道来：“这……我也不清楚。是啊，我怎么没在意这个呢？这样吧，明天再告诉你。”

这天晚上，张大千躺在床上，将胡子放在被子上面，觉得好像有点不太对劲，把它捋到被子里头，也感到不像是那么回事。真可谓，里也不是，外也不是，怎么折腾都觉得不妥。大师不由得感到纳闷：“以前这根本就不算是什么事，现在怎么成了头痛的问题呢？”

心理学家做过一项实验，人们穿针的时候，神情越是专注，越是不容易穿进去。他们称这种现象为“目的颤抖”，也就是人们通常所说的“穿针心理”。有时事情就是这样，你目的性越强，越容易把事情搞糟。你越是特别在意什么，它给你带来的困扰就越大。打个比方说，噪声达到同样的分贝，有的人感觉要强烈一些，有的人感觉就没那么明显。只因前者更在意噪声，所受的影响和危害也就更大。即使是同一个人，听到同样分贝的噪声，当他心不在焉的时候，就不会觉得噪声有多么严重；当他被噪声牵制了注意力，搞得心神不宁的时候，就会感到噪声大得难以容忍。

一个人精力高度集中时意外受伤，往往感觉不到疼痛，也不知道自己受伤。一旦看到伤口在流血，他就会慢慢恢复痛感。很多人都有过这样的体验，其实受伤时疼痛已经造成，只是人全神贯注于别的地方，感觉都倾注在了别的因素上，所以掩盖了本身的痛觉。

还有一种感受，比较耐人寻味。你刚添置一件新家具，就不小心碰坏了一块。你越是关注它，越是把它当回事，心里头就越别扭。如果你忽视了它，或者不在乎它，碰破家具的事实仍然存在，可它带给你的不愉快就会随之减弱。人身上的疾病也常有类似情形。以前人得了肺结核，都认为是绝症，所以患上这病的人，绝大多数都死去了。现在得这个病的人也不少，由于发明了青霉素之类的良药，已没有人视之为绝症，治愈率也随之大幅度提高。除了药物的作用外，一个不容忽略的因素，就是人们认为肺结核没那么可怕了，也就不再像以前那么恐惧了。

关注会强化人的感觉，忽视会减弱人的感觉。明白了这个道理，就不难做出正确的选择。在遇到困扰的时候，感到不如意的时候，你要尽可能地忽视它，虽然造成困扰和不愉快的因素还在，可你感觉的强烈程度却会大幅度地减弱。在遇到开心事情的时候，感受到时来运转的时候，你要尽可能地关注它，虽然造成开心和幸运的因素依然如故，可它给你带来的感受，却会因为你的关注而强化，甚至持续相当长的时间。

情商分析 人真是奇怪的动物，常常因为他人一句无关紧要的话而改变自我。假使你有一头秀丽的红发，你也一直以此为傲，可是有一天，某个好事者说：“啊！快看！那人有一头红发！”你就会因此陷入苦恼，因为你优柔寡断的性格让自己陷入了窘境，这不是自讨苦吃吗？

命运虽然无法掌控，但你可以掌控自己的性格 情商借鉴

情商 PK: **任小萍、母亲**
情商最高者: **母亲**
情商值: **95**

你不会永远比别人差

文/杨海亮

那一年，她还在农村插队，瘦弱的身子承受着繁重的农活。一天，她正在西瓜地里忙着，有人把她叫了过去，说工宣队来招生，让她去试试。

这一试，她就去了北京外语学院，成了英语系的一名工农兵学员。不过，她还来不及欢喜，阴霾就笼罩了心头。在班里，她居然有两个“最”：一个是年龄最大——老姑娘了；一个是成绩最差——基础太弱。

一天上课，老师问了一个很简单的问题，她第一遍没有听懂，第二遍听懂了却不知怎么回答，于是，僵在了课堂上。课后，她一口气跑到后院的山坡上，大哭了一场。

“有什么大不了的，不就是比别人差，我努力还不行吗？”终于想通了，她给自己许下诺言：“我一定要成为最好的学生！”她很勤奋，每天晚上学到深夜，凌晨四五点又掀开了被窝。不管天热天冷，在校园一角的那棵大树下，经常能见到她的身影。她大声地念，大声地背，把头一天学的东西翻来覆去，不记得滚瓜烂熟不罢休。

一晃四年过去。毕业的时候，她的确成了全年级出类拔萃的学生。那一代人和今天完全不同，因为根本没有择业自主权，从英语系出来的她，被分到英国大使馆做接线生。这份工作单调乏味，很麻烦。在外人眼里，还是一份很没出息的活。起初，她能够老老实实地干，时间一长，心里就越发郁闷，越不平衡——一个堂堂外院的尖子生怎能这样憋屈呢？终于，在和母亲的一次见面中，她大吐苦水。

慈祥的母亲没说什么，而是叫她去洗卫生间、刷马桶，她闷闷不乐地听命。可是，她使劲地扫地板，费力地刷马桶，反复几次，感觉还是很不干净。她不由抱怨：“我没办法了，就这样子了！”母亲不说话，而是弄来一碗干灰，然后将干灰洒在又脏又湿的地方，让干灰将水吸干，再扫，效果果然好了很多。不多久，马桶里的黄色污垢全不见了，犹如做了一次增白面膜。

她没做到的，母亲做到了。她不禁夸奖母亲，母亲却告诉她：“一件事情，你可以不去做；如果做了，就要动脑筋做好，就要全力以赴。你不能挑你的工作，但你可以有自己的选择，那就是把工作做好。”站在一旁的她听了母亲的话，久久无语。

回到单位后，她仿佛变了一个人。她把使馆里所有人的名字、电话、工作范围，甚至他们家属的名字都牢记在心。不仅如此，使馆里有很多公事、私事都委托她通知、传达和转告。逐渐地，她成了一个留言台、大秘书。工作之余，她就读外文报纸、小说，不断提高自己的读、译能力。由于为人热情，水平出众，她在使馆里成了很受欢迎的人。

一天，英国大使来到电话间，靠在门口，笑眯眯地对她说：“你知道吗，最近和我联络的人都恭喜我，说我有了一位英国姑娘做接线生。当他们知道接线生是个中国姑娘时，都惊讶万分！”英国大使亲自到电话间来表扬一个接线生，这在大使馆可是件破天荒的事！

没多久，她因工作出色被破格调去英国《每日电讯》记者处当翻译。报社的首席记者是个名气颇大的老太太，得过战地勋章，被授过勋爵，本事大，脾气也大，还把前任翻译给赶跑了。当她调过去时，老太太不相信她的实力，明确表示不要，后来才勉强同意一试。没想到，一年后，老太太经常得意地对别人说：“我的翻译比你的好上十倍。”再后来，她被派往英国留学，在伦敦经济学院攻读国际关系，在里兹大学攻读语言学硕士，在伦敦大学攻读博士学位。回国后，她到外交学院先后任讲师、副教授、教授，还当上了副院长，并多次荣获外交部的嘉奖。

她就是任小苹。最近十年里，她先后担任中国驻澳大利亚使馆新闻参赞和发言人，外交部翻译室副主任，中国驻安提瓜和巴布达大使。目前，她是中国驻纳米比亚共和国特命全权大使。

从一个黄毛丫头到一个全权大使，任小苹的职业生涯中，每一步都是组织上安排的。但是，无论被派到哪里，她都在积极地适应，都在努力地把工作做好，做得最好。

情商分析 一个人无法选择自己的工作时，总有一样可以选——好好干！无论何时何地，把工作做好，成功也就不远了。

情商借鉴 全力以赴做一件事

情商 PK：**应考者、父亲**
情商最高者：**父亲**
情商值：92

如果你足够优秀

文/周海亮

很多年前的一个夏天，我选择了报考美术师专。复试在县城的美专进行，因为全校只有我一个人通过初试，所以复试是没有老师陪同的。参加复试的头一天，父亲问我，需要我陪你去吗？我说，不用了。父亲说那你一个人去好了，反正我去了，也帮不了你什么。于是第二天早晨，我一个人挤上通往县城的唯一一班公共汽车。

那是我第一次出远门。那年我 17 岁。

下了汽车，按照父亲的嘱咐，我找了家旅店。我记得自己很紧张，结结巴巴地跟服务员要了一间房间。然后我找到了第二天要进行复试的考场。考场设在那个美术师专的一间教室。在那里，我第一次见到那么多的画板，第一次见到真正的石膏模型。我兴奋得浑身战栗。能在这样的教室里画画，我愿意用一切交换。已经来了很多考生，他们坐在教室里，在老师或者父母的陪同和指导下打着线条。没有多余的位子，我在那里待了一会儿，熟悉了一下环境，就离开了。

那天我彻夜未眠。躺在陌生的旅店，兴奋与紧张紧紧地将我包裹。我想明天将注定是我一生中一个非常重要的日子。假如我发挥得好，就将实现画一辈子画的梦想；假如我发挥得不好，那么极有可能会和我的父辈一样，将自己的一生都消耗在地头田间。当我第三次起床喝水时，天已经亮了。

那天我发挥得糟糕透了。我想即使我发挥得再好也没有用，因为在等待进考场的时间里，我听到一些考生的风言风语。他们说考试完全是一种形式，而最终的人选其实早已内定。他们的话似乎是有道理的，因为我看到校门口的轿车排成一排，我看到很多可疑的人站在那里鬼鬼祟祟地交头接耳。那是我第一次感觉到世界的可怕。那是我第一次感觉原来还有另一种力量可以操纵一件事情的结局，并轻易埋葬一个人的梦想。考场上我告诉自己不要紧张，可是我做不到。我的手心里全都是汗。我不停地用着橡皮——稍有素描常识的人都知道，过多用橡皮是素描中的大忌。总之那天我的发挥异常糟糕，我稀里糊涂地交了考卷，垂头丧气地回到家。

父亲在村口接我。他不停地给我讲这两天来村子里发生的事。他做了一桌子菜，打开一瓶酒。他第一次把我当成一个男人，给我的酒杯里倒满了酒。那天我和父亲说了很多话，但唯独没有谈起考试的事。其实用不着问，父亲就能从我的眼神里读到一切。

两个多月后，录取通知书仍然没有盼来，我知道，考上美专的最后一丝希望彻底破灭了。我终于跟父亲讲起那天的事，我告诉他被录取的人员可能内定得差不多了。为了证明我的话是正确的，我给父亲举了很多例子。父亲听后，看了我很久。他说，我相信你说的那些都是真的，可是如果你足够优秀，那么他们就没有不录取你的道理。现在你被淘汰了，你怨不得别人。你被淘汰的理由只有一个——你还不够优秀。

我想父亲的话是正确的。美术考场的特点是，每个人的画作都是开放的，别人都可以轻易看到。假如我发挥正常，那么，或许我还有被录取的可能；假如我技惊四座，那么他们肯定会将我录取。可是那天我的发挥是如此糟糕——我看了很多考生的作品，他们画的都比我好。

有时候就是这样。这世上的确有龌龊，有阴暗，有我们想不到的复杂。当你的才华光芒四射，任何龌龊和阴暗都不能够将之遮挡。

当然，很有可能，你一辈子都达不到足够优秀。可是你应该有将自己变得足够优秀的想法，并将这个想法变成自己的行动。假如你只为“变得足够优秀”而活，那么，首先，你不会变得龌龊和阴暗。其次，你会快乐。第三，你极有可能真的变得足够优秀。

现在我所从事的，是与画画毫不相干的职业。可是多年来我一直相信父亲的话：只要你没有成功，只要你被别人击败，就证明你还不够优秀，这时所有的怨天怨地，都是悲观和毫无作用的。你必须让自己变得更加优秀。这不是对龌龊和阴暗的妥协，这是另一种乐观的人生态度。

情商分析

我们不喜欢社会的黑暗面，可是我们无法改变。然而我们可以改变自己。我们可以努力把自己变得非常优秀。你变得足够优秀，那么，你才有战胜这些龌龊和阴暗的可能。

情商借鉴 把自己变得更优秀

情商PK：**毛毛虫、韩红**
情商最高者：**韩红**
情商值：**86**

飞越命运之河

文/韦 迪

女孩出生在西藏的日喀则，身为藏族歌唱演员的母亲赋予了女孩百灵鸟一般的歌喉。在成长过程中，女孩对音乐的热爱与日俱增。

她一直酷爱毛阿敏与苏芮的歌，但却买不起她们的磁带，于是她便买来空白的磁带请人翻录。当她们的歌曲熟稔于心时，她用积攒的钱买来了吉他与教材，过人的天赋使她三下两下就能拨出和谐动听的音符。

在不断地自我磨砺下，女孩的歌声越发美妙——她的音色清亮，音域宽广。尤其令人动容的是，她的歌声中饱含着真挚的情感。也许是因为身上流淌着一半藏族的血液，女孩的歌声中总是蕴含着一丝深邃而神秘的气息。

然而，不幸的是，与出色的歌喉形成鲜明对比的，却是女孩的相貌：她的五官十分平庸，身材更是胖得惊人。在“漂亮者生存”的年代，几乎不需要另外的理由，女孩的歌舞团之梦便一次又一次地破灭了。对歌唱事业的执着让女孩更努力地为自己寻找机会。她开始投身于各种音乐比赛中，甚至一天参加两场。那些日子里，女孩骑着自行车在赛场间奔波，心中燃烧着希望的火光。可无论女孩的声音多么动人，无论女孩的感情多么真挚，她却怎么也闯不进决赛圈。尽管女孩一次又一次地与命运进行抗争，可命运交给她的全都是失败的苦果——

她的形象实在太差了。

为了能与挚爱的音乐靠得更近些，女孩托人介绍结识了自己最为崇拜的歌星毛阿敏。而她所能做的事只是替毛阿敏拎道具和演出服装。纵然如此，一年多过去了，命运别说给她一次登台的机会，连一方小小的灯光都不曾投在她的脸上。

一次次的打击、一次次的失败，还有别人的冷眼与嘲笑，使女孩的心中充满了苦涩与彷徨。她是如此年轻，可她的心中却是伤痕累累。她不知道，面对梦想的一次次破灭，自己还能坚持多久？漫长的日子里，她觉得自己始终在一条隧道里穿行，没有光明，没有温暖，没有鼓励，没有慰藉，甚至不知道还有没有未来。真的放弃吗？可她又怎能舍得自己视若生命的歌唱呢？她将自己关在家里，犹豫着，思索着，最终她为自己唱起了一首歌……

歌声又点燃了女孩心中的希望之火，她再次走出家门，展开歌喉——在歌厅伴唱。偶然的一次，央视节目主持人张越坐进了歌厅，不经意地听着歌手们的演唱。突然间，张越觉得自己被拨动了某根神经，她抬起头认真打量起台上的歌者，这才看清了同属重量级的她正忘情于《雪域光芒》。歌厅里竟有如此美妙的歌喉让见多识广的张越一时被震住了。

很快，她头一次作为嘉宾与张越面对面，走进了中央电视台的录播间。就像一瓶陈年佳酿，刚刚开启一道缝，就再也盖不住四溢的芬芳。紧接着，她的歌声犹如插上了翅膀，很快传遍了神州大地。同时，“韩红”这个名字开始在人们的口中流传，并且越来越响亮。

此刻，她已在歌坛默默跋涉了十年。历经十年寂寞而艰辛的时光，韩红这只“毛毛虫”最终变成了“蝴蝶”，成功飞越了命运的河流，在梦想的天空里自由歌唱。

情商分析 如果我们耐得住奋斗的寂寞，如果我们经得起失败的磨砺，如果我们受得了世俗的冷眼，如果我们忍得下歧视的屈辱……总有一天，我们能够像毛毛虫那样吐丝结茧，最终化蛹成蝶！

毛毛虫也能破茧成蝶 情商借鉴

情商 PK：**年轻人、爷爷**
情商最高者：**爷爷**
情商值：**98**

人生的两个机会

文/伊时今

美国加州有位刚毕业的大学生，在2003年的冬季大征兵中他依法被征入伍，即将到最艰苦也是最危险的海军陆战队去服役。

这位年轻人自从获悉自己被海军陆战队选中的消息后，便显得忧心忡忡。在加州大学任教的祖父见到孙子一副魂不守舍的模样，便开导他说：“孩子啊，这没什么好担心的。到了海军陆战队，你将会有两个机会，一个是留在内勤部门，一个是分配到外勤部门。如果你分配到了内勤部门，就完全用不着去担惊受怕了。”

年轻人问爷爷：“那要是我被分配到了外勤部门呢？”

爷爷说：“那同样会有两个机会，一个是留在美国本土，另一个是分配到国外的军事基地。如果你被分配在美国本土，那又有什么好担心的。”

年轻人问：“那么，若是被分配到了国外的基地呢？”

爷爷说：“那也还有两个机会，一个是被分配到和平而友善的国家，另一个是被分配到维和地区。如果把你分配到和平友善的国家，那也是件值得庆幸的好事。”

年轻人问：“爷爷，那要是我不幸被分配到维和地区呢？”

爷爷说：“那同样还有两个机会，一个是安全归来，另一个是不幸负伤。如果你能够安全归来，那担心岂不多余。”

年轻人问：“那要是不幸负伤了呢？”

爷爷说：“你同样拥有两个机会，一个是依然能够保全性命，另一个是完全救治无效。如果尚能保全性命，还担心它干什么呢。”

年轻人再问：“那要是完全救治无效，怎么办？”

爷爷说：“还是有两个机会，一个是作为敢于冲锋陷阵的国家英雄而死，一个是作为唯唯诺诺躲在后面却不幸遇难的胆小鬼而死。你当然会选择前者，既然会成为英雄，有什么好担心的。”

从前一个人要穿过沼泽地，因为没有路，他便试探着走。虽很艰险，但他左跨右跳，竟也能找出一段路来。可未走多远，他不小心一脚踏进烂泥里，沉了下去。

又有一个人要穿过沼泽地，看到前人的脚印，便想：这一定是有人走过，沿着别人的脚印走一定不会有错。他用脚试着踏去，果然实实在在，于是便放心走下去。最后也一脚踏空，沉入了烂泥。又有一个人要穿过沼泽地，看着前面两人的脚印，想都没想便沿着走了下去，他的命运也是可想而知的。

又有一个人要穿过沼泽地，看着前面众人的脚印，他心想：这必定是一条通往沼泽地彼端的大道，看，已经有这么多人走了过去，沿此走下去我也一定能走到沼泽的彼端。于是他大踏步地走去，最后也沉入了烂泥。

世上的路不是走的人越多，越平坦越顺利，沿着别人的脚印走，不仅走不出新意，有时还可能会跌进陷阱。如果用乐观旷达、积极向上的心态去看待，那么坏机会也会成为好机会。如果用消极颓废、悲观沮丧的心态去对待，那么好机会也会看成是坏机会。

情商分析 无论人生遇到什么样的际遇，都会有两个机会——一个是好机会，一个是坏机会。好机会中藏匿着坏机会，而坏机会中又隐含着好机会。关键是我们以什么样的眼光，什么样的心态，什么样的视角去对待它。

情商借鉴 端正视角看待机会

情商 PK：**船王哈利、小哈利**
情商最高者：**船王哈利**
情商值：**120**

赢时退场的人才是真正的赢家

文/雷欧纳

美国船王哈利曾对儿子小哈利说："等你到了 23 岁，我就将公司的财政大权交给你。"谁想，儿子 23 岁生日这天，老哈利却将儿子带进了赌场。老哈利给了小哈利 2000 美元，让小哈利熟悉牌桌上的伎俩，并告诉他，无论如何不能把钱输光。

小哈利连连点头，老哈利还是不放心，反复叮嘱儿子，一定要剩下 500 美元。小哈利拍着胸脯答应下来。然而，年轻的小哈利很快赌红了眼，把父亲的话忘了个一干二净，最终输得一分不剩。走出赌场，小哈利十分沮丧，说他本以为最后那两把能赚回来，那时他手上的牌正在开始好转，没想到却输得更惨。

老哈利说，你还要再进赌场，不过本钱我不能再给你，需要你自己去挣。小哈利用了一个月时间去打工，挣到了 700 美元。当他再次走进赌场，他给自己定下了规矩：只能输掉一半的钱，到了只剩一半时，他一定离开牌桌。

然而，小哈利又一次失败了。当他输掉一半的钱时，脚下就像被钉了钉子般无法动弹。他没能坚守住自己的原则，再次把钱全都压了上去，还是输个精光。老哈利则在一旁看着，一言不发。走出赌场，小哈利对父亲说，他再也不想进赌场了，因为他的性格只会让他把最后一分钱都输光，他注定是个输家。谁知老哈利却不以为然，他坚持要小哈利再进赌场。老哈利说，赌场是世界上博弈最激烈、最无情、最残酷的地方，人生亦如赌场，你怎么能不继续呢？小哈利只好再去打短工。他第三次走进赌场，已是半年以后的事了。这一次，他的运气还是不佳，又是一场输局。但他吸取了以往的教训，冷静了许多，沉稳了许多。当钱输到一半时，他毅然决然地走出了赌场。虽然他还是输掉了一半，但在心里，他却有了一种赢的感觉，因为这一次，他战胜了自己。

老哈利看出了儿子的喜悦，他对儿子说："你以为你走进赌场，是为了赢谁？你是要先赢你自己！控制住你自己，你才能做天下真正的赢家。"

从此以后，小哈利每次走进赌场，都给自己制定一个界线，在输掉 10% 时，他一定会退出牌桌。再往后，熟悉了赌场的小哈利竟然开始赢了：他不但保住了本钱，而且还赢了几百美元。

这时，站在一旁的父亲警告他，现在应该马上离开赌桌。可头一次这么顺风顺水，小哈利哪儿舍得走？几把下来，他果然又赢了一些钱，眼看手上的钱就要翻倍——这可是他从没有遇到过的场面，小哈利无比兴奋。谁知，就在此时，形势急转直下，几个对手大大增加了赌注，只两把，小哈利又输得精光。

从天堂瞬间跌落地狱的小哈利惊出了一身冷汗，他这才想起父亲的忠告。如果当时他能听从父亲的话离开，他将会是一个赢家。可惜，他错过了赢的机会，又一次做了输家。

一年以后，老哈利再去赌场时，小哈利俨然已经成了一个像模像样的老手，输赢都控制在 10% 以内。不管输到 10%，或者赢到 10%，他都会坚决离场，即使在最顺的时候，他也不会纠缠。

老哈利激动不已，因为他知道，在这个世上，能在赢时退场的人，才是真正的赢家。老哈利毅然决定，将上百亿的公司财政大权交给小哈利。

听到这突然的任命，小哈利倍感吃惊："我还不懂公司业务呢。"老哈利却一脸轻松地说："业务不过是小事。世上多少人失败，不是因为不懂业务，而是控制不了自己的情绪和欲望。"老哈利很清楚，能够控制情绪和欲望，往往意味着掌控了成功的主动权。

情商分析 面对诱惑时，我们往往不能很好地控制自己的欲望，总是因为一点甜头而忘记最初的梦想，从而走上一条歧路，等到达终点时才发现这与当初的设想大相径庭，可惜那时才意识到为时已晚。所以，从一开始就要控制自己的欲望，掌控成功的主动权。

情商借鉴 控制自我，才能离成功更近

情商 PK：**梁稳根、许多民企领导人**
情商最高者：**梁稳根**
情商值：**90**

梁稳根：低调得很突出

文/狄继鑫

"中国首富梁稳根"自 9 月份开始，一直是互联网上的热门搜索词。当梁稳根荣登福布斯、胡润双料首富之时，当他从政消息传来之时，当三一重工全资子公司涉嫌海外避税时，众多媒体都在寻找这个低调而又神秘的中国首富梁稳根。然而，他却始终躲在幕后。

"你可以让天下人都知道三一，但最好任何人都不知道梁稳根。"这是三一集团董事长、创始人梁稳根曾对三一副总裁向文波说的话。传出梁稳根成为中国首富以及从政消息之时，无论是在办公楼内，还是生产厂区，整个三一集团都异常平静，丝毫感受不到老板已经成为中国首富的喜庆。"这对于我们来说，没有任何影响。"三一重工的工作人员说。

细心浏览三一集团和三一重工的官方微博，竟然对董事长梁稳根成为中国首富之事以及从政事件无任何消息发布与转发。工作人员透露，因为早已熟识梁的低调风格，因此，在此事处理上亦同样低调。无论是员工，还是认识梁稳根的所有人，对梁的评价只有两个字：低调。

开会时，一支笔、几张白纸是梁必不可少的。无论发言者位居高管，或只是普通员工，他都会耐心地在纸上不断地做着记录，但从不打断发言者。如果会议结束前，他有了结论会公布。如果没有，他则会通过其他会议进行判断。"至今，我始终坚持每天

工作到晚上8点，我也要求我们的整个高管团队都这么做，目的是希望让三一始终保持创业伊始的执行力和创业激情。”梁稳根说。

梁稳根，这个名字对许多人来说，也许并不熟悉，这是源于他的低调。可对于大多数人来说，“三一集团”并不陌生，相较于其董事长梁稳根的“低调”风格，他的三一集团却并不低调。三一被看作行业的搅局者，更是行业的另类，在这里没有“不可能”。2008年初，三一就有了千亿级的发展战略，到2012年，三一集团要实现1000亿元的收入。2010年，三一销售收入已突破500亿元，一切似乎并非不可能。与许多民企领导人追求高曝光率不同，梁稳根将全部精力放在三一重工集团的经济建设上。这或许正是三一集团不断得以壮大的原因。

或许在乎的不是财富，而是如何使三一重工实现国际化，成为世界500强。这对于不断创造奇迹的三一集团来说，对于梁稳根来说，或许值得期待。

情商分析 据了解，梁稳根能成为高层部门的考察对象，除了他在三一集团的巨大贡献外，也与其做人低调和他本人体现出的从政禀赋有关。事实上，梁稳根即将获得的华丽跨越，不仅是对他个人成就和荣誉的一次简单提升，更代表了整个中国民营企业家群体的地位之变。

敢想敢做才能成功 **情商借鉴**

情商 PK：**康熙、刘邦、翟志刚**
情商最高者：**翟志刚**
情商值：**85**

雄心的一半是耐心

文/施心逸

闲暇读清朝康熙帝“削三藩”这段历史，细细品味，受益匪浅。“三藩”是指三个降清的明将：平西王吴三桂，镇云南；平南王尚可喜，镇广东；靖南王耿继茂，镇福建。其中以吴三桂实力最强。“三藩”占据要地，拥兵自重，成为清初皇室的一块心病。刚刚亲政的康熙皇帝想一展雄心抱负，下决心对割据云南的吴三桂下手。但稳重的孝庄太皇太后却告诫年轻气盛的康熙，撤藩的时机还不成熟，还要等，正所谓“雄心的一半是耐心”。康熙听从了孝庄太皇太后的劝诫，以坚定的决心和耐心，选择好时机下手，最终经过 8 年平叛战争，取得“削三藩”的胜利。

《易经》中有这样一句卦辞：“潜龙勿用。”其引申的含义是，当自己处于弱小时，须藏锋守拙，隐忍待机，不可轻举妄动。其实，无论做大事还是小事，都要有长久的耐心。一旦陷入急躁的情绪，往往就会跌入失败的深渊。西汉开国皇帝刘邦，当年借覆灭楚霸王项羽的余威去攻击匈奴，认为这样可以一劳永逸地解决边患。孰料，此时由于自身力量不够强大，却偏要挑战强敌，令自己深陷“白登之围”，最后险些成为阶下囚。

第一次把中国人的足迹留在茫茫太空的英雄航天员翟志刚，曾先后落选“神五”和“神六”的载人发射，与飞天梦想失之交臂。然而他却毫不气馁，拿出更加刻苦的劲头训练，耐心等待时机到来。终于在 42 岁那年一飞冲天，成为中国“飞得最高、走得最快”的人。

做到有耐心其实不是一件容易的事。比如一些刚刚参加工作的年轻干部，虽然有“初生牛犊不怕虎”的冲劲，也不缺乏“海阔凭鱼跃，天高任鸟飞”的抱负，但遇到困难和挫折时，往往就会失去耐心，变得不冷静。不冷静就会冲动，冲动之后难免会犯错误，使实现雄心的道路变得艰难。

再比如，有的“新官”上任伊始，想踢好头三脚，烧好三把火。孰料，情况不明，仓促出手就会漏洞百出，进而给以后的工作造成被动……以上种种，都应了一句俗语：心急吃不了热豆腐。如何能做到遇事有耐心？

我想，冷静的心态和坚定的信念是至关重要的。冷静能让你对事物有最理性的认识，它能帮助你在正确的时间里做正确的决定：弱小时，告诫你韬光养晦；强大时，鼓励你乘胜追击。而坚定的信念能将你所有的力量集中到一个方向，不会被周围各种各样的干扰和诱惑所分散。但这个过程需要时间，需要投入，需要在看不到结局的情况下仍然咬紧牙关，站定脚跟，不到最后，决不言败。就像《士兵突击》中的主人公许三多，即使天生条件并不优越，甚至有些笨拙，但就是凭着那股永不服输的韧劲和执着，在“不抛弃，不放弃”的信念支撑下，默默工作，坚韧执着，最终到达成功的彼岸。

情商分析 耐心，是一种坚韧，一种积累，更是一种信心和勇气。只要我们能对工作和学习投以热情，对工作或学习中所遇到的困难和阻碍抱以耐心，脚踏实地，一步一个脚印，就能架起一座通往成功的桥梁，实现自己的雄心抱负。

持之以恒方能成功 情商借鉴

情商 PK：**Jerry、护士、服务员**
情商最高者：**Jerry**
情商值：**90**

你有两个选择

文/尹 子

Jerry 是美国一家餐厅的经理，他总是有好心情。当别人问他最近过得如何，他总是有好消息可以说，他总是回答："如果我再过得好一些，我就比双胞胎还幸运啰！"

当他换工作的时候，许多服务生都跟着他，从这家餐厅换到另一家。

为什么呢？

因为 Jerry 是个天生的激励者。如果有某位员工今天运气不好，Jerry 总是适时地告诉那位员工往好的方面想。

看到这样的情境，真的让我很好奇。所以有一天我到 Jerry 那儿问他："我不懂，没有人能够老是那样积极乐观，你是怎么办到的？"

Jerry 回答："每天早上起来我就告诉自己：我今天有两种选择，我可以选择好心情或者坏心情。即使有不好的事发生，我也可以选择做个受害者或是选择从中学习，我总是选择从中学习。每当有人跑来跟我抱怨，我可以选择接受抱怨或者指出生命的光明面，我总是选择生命的光明面。"

我说："但并不是每件事都那么容易啊！"

"的确如此。"Jerry 也这样说，"生命就是一连串的选择，每个状况都是一次选择，你选择如何响应，你选择人们如何影响你的心情，你选择处于好心情或是坏心情，你选择如何过你的生活。"

数年后，我听到人们说 Jerry 出了一件意外：有一天他忘记关上餐厅的后门，结果，三个武装歹徒闯入抢劫，他们要……

结果 Jerry 打开保险箱时由于过度紧张，弄错了一个号码，警铃的响声造成了抢匪的惊慌，他们开枪击中了 Jerry。幸运的是 Jerry 很快被邻居发现，紧急送到了医院抢救 。

经过十多个小时的手术以及良好的照顾，Jerry 终于出院了，但还有块子弹留在他身上……

事件发生6个月之后我遇到了Jerry。

我问他最近怎么样。

他回答："如果我再过得好一些，我就比双胞胎还幸运了。要看看我的伤痕吗？”

我婉拒了，但我问他在抢匪闯入后的时间里，他都在想什么。

Jerry 答道：“我第一件想到的事情是我应该锁后门的。当他们击中我之后，我躺在地板上，还记得我有两个选择：我可以选择生或选择死，我选择了活下去。”

“你不害怕吗？”

Jerry 继续说：“医护人员真了不起，他们一直告诉我：‘没事，放心。’但是，当他们将我推入紧急手术室的路上，我看到医生和护士脸上忧虑的神情，我真的被吓到了。他们的眼睛里好像写着：他已经是个死人了，我知道我必须采取行动。”

“当时你做了什么？”

Jerry 说：“当时有个护士用吼叫的音量问我一个问题：‘你是否会对什么东西过敏？’我回答有。这时医生跟护士都停下来等待我的回答。我深深地吸了一口气，接着喊：‘子弹！’听他们笑完之后我告诉他们：‘我现在选择活下去，请把我当作一个活生生的人来开刀，而不是一个活死人。’”Jerry 能活下去当然要归功于医生的精湛医术，但同时也源于他令人惊异的态度。

情商分析

你每天都能选择享受自己的生命或是憎恨它，这是唯一一件真正属于你的权利。没有人能够控制或夺去的东西就是你的态度。如果你能时时注意身边愉快的事情，你就会因此而变得心情愉快。

情商借鉴

控制自己的坏情绪，用微笑面对一切

情商 PK：**杰茜卡·沃森、父亲**
情商最高者：**不分伯仲**
情商值：**105**

勇气可以长达 4 万公里

文/基尔米

杰茜卡·沃森是澳大利亚布里斯班市的一位小姑娘，她似乎天生就有恐水症，甚至会在洗澡时因为妈妈多放了一点水而大哭起来。她的妈妈曾无奈地叹息说家里出了一只旱鸭子。

对于海滨城市的居民们来说，大海是不可替代的娱乐和运动场地，但杰茜卡却从不喜欢去海边，即使去了也只敢远远地站在沙滩上，不愿与海水有任何的接近。杰茜卡 9 岁的时候，她的父亲买来一艘新帆船，准备带着一家人去不远处的一座小岛上度假。尽管杰茜卡早就知道那里的风景非常优美，但她就是不愿意跟着去。她的父亲说："大海想要拥抱你，你却要拒绝，这对大海来说是一件多么伤心和残忍的事情！"

父亲的话打动了杰茜卡。第二天，她终于鼓起了勇气来到海边，当她面对那一层层涌来的波浪时，还是被吓得大哭了起来，连眼睛都不敢睁开。父亲站在十米以外的深水处告诉她："来吧，到爸爸这里来！勇气是有长度的，你的勇气有多长，就看你的毅力能保持多久！"

在父亲一声声的鼓励中，杰茜卡咬着牙，用了五分钟的时间，终于一步步地走到了父亲的身边。那一刻，杰茜卡开心极了，她看着蓝蓝的天和蓝蓝的海水，兴奋地伸开双手尽情地拍打起了水面。

杰茜卡完全爱上了大海和游泳，在之后的两个月里，她从穿着救生衣到不穿救生衣，从浅水区到深水区，她觉得自己与大海简直成了一对好朋友！

暑假很快到来，他们要去小岛度假了。虽然杰茜卡已经有了足够的勇气在海水里玩耍，但她还从来没有去过大海中间。随着帆船离岸越来越远，杰茜卡的心中也越来越害怕。正当杰茜卡准备向父亲提议回去时，她想起了自己第一次下海时父亲说过的话。是的，勇气是有长度的，只要毅力不倒，勇气就能一直延伸！渐渐地，杰茜卡克服了自己的恐惧感，她甚至想到了要学习驾驶帆船。在父亲的指点下，杰茜卡竟然很快可以自己独立操作了，帆船在她的掌控下，劈着浪花在风中向前疾驶而去。战胜自我的喜悦让杰茜卡更加深深地爱上了大海和帆船！

情商分析 与大海的和谐相处让杰西卡领略到它的宽广与柔美，才使自己跳出了怕水的怪圈，甚至成为一名技术高超的帆船手。勇气让她敢于正视自己的弱点，毅力让她获得成功。所以，想要克服困难，除了勇气，还需要毅力。

情商借鉴 别向自己的弱点屈服

从那次以后，杰西卡一有时间就下海驾驶帆船。在周末和假期里，她甚至会带上饼干和水，在帆船上整整度过一天，并且还自己一个人先后登陆过附近的好几个小岛。杰西卡就这样在大海和帆船的陪伴下一天天长大了。在她 14 岁那年的一天，杰西卡在帆船上望着眼前的茫茫大海，情不自禁地说出了一句连她自己也被吓了一跳的话：“我要环游全世界！”

心里有了这个想法以后，杰西卡更加努力和勤奋地投入到了锻炼中去，并且还努力向包括英国探险家唐·麦金太尔在内的好几位探险家和航海家拜师，学习了许多宝贵的经验。终于在两年后一个阳光明媚的早晨，杰西卡告别了父母和家乡，驾驶着那艘麦金太尔为表示支持而捐赠的、最年轻的环航号单桅帆船，开始了单人不间断的无援助环球航行。

杰西卡从悉尼港出发，北上经新西兰海域，再南下绕过南美洲合恩角，先后穿越了南太平洋、大西洋和印度洋，绕过非洲好望角。在大海里航行的时候，孤独和危险时刻陪伴着她，有时候她被猛烈的太阳晒得头晕目眩，有时候她被大雨淋得直打哆嗦——但是无论遇到什么困难，她都没有想过要半途而废，因为杰西卡深信：勇气是有长度的，只要毅力的桅杆不倒，勇气就会像帆船一样，一直向前延伸！

在海上整整航行了 7 个月之后，杰西卡终于在离自己 17 岁生日还差两天的 2010 年 5 月 15 日，回到了悉尼歌剧院，成为世界上年龄最小的环球航海家。登陆的那天，成千上万的澳大利亚人聚集在悉尼歌剧院欢迎杰西卡归来。他们在岸边铺上了两公里长的粉红色地毯，庆祝活动的规模不亚于圣诞节和国庆大典。澳大利亚总理陆克文也和杰西卡的父母一起，站在码头上为她接风洗尘。

杰西卡虽然创造了世界纪录，但由于世界帆船委员会规定选手年龄不得小于 18 岁，所以杰西卡并不会被记录进册。对于这，她淡然地说：“我并没有想过要被记录进哪里，我只是在用自己的毅力测量勇气的长度。我做到了，只要毅力不倒，勇气的长度可以是 4 万公里，它能绕地球一圈！”

情商 PK：**斯奈德、战友**
情商最高者：**斯奈德**
情商值：**100**

懦弱背后的勇敢

文/斯维茨

1944 年的寒冬，活泼可爱的莉沙随母亲一起被关进了集中营，在极端痛苦的环境中挣扎着。寒冷、恐惧、饥饿……折磨着只有五岁的她。不久，她便得了重病，被折磨得整天又哭又闹。

一天中午，变态的集中营头子被莉沙的哭声吵醒，大声叫嚷道："让这个讨厌的家伙见鬼去吧！"随后，便有纳粹士兵来到狱房，说要带莉沙去看病。所有人在瞬间陷入了沉默，莉沙的母亲痛不欲生，她恳求纳粹士兵不要带走莉莎，她可以替莉沙承担一切。可狡诈的纳粹士兵说只是带莉沙去看病。天真的莉沙很高兴，安慰哭泣的母亲说："妈妈，我的病可以治了，就不痛了，你怎么不高兴呢？"母亲听到这句话，情绪失控，一下子昏了过去。所有人都落下了泪，因为他们都知道，莉沙五岁的生命即将走到尽头，他们都在为她心痛着，惋惜着，心中对纳粹的仇恨升到了极点。

集中营头子提出让斯奈德带莉沙去"看病"。斯奈德本是一名大学生，1943 年入伍当兵。他天性懦弱，到了一线后，硬是不敢开枪杀人，遇到炮火就趴在地上不敢抬头，因此，他被下放到了后方集中营当看守。集中营头子看着木讷的斯奈德，阴沉地对其他两名士兵说："你们要把他执行任务的结果用相机拍下来。"

斯奈德听到要让自己杀死这个小女孩时，几乎崩溃了，他浑身无力，战战兢兢地拉着莉沙向树林里走去。天真的莉沙第一次走出高墙铁网外，一切都是那么新鲜，天真无邪的眼神不时地向斯奈德传递着友善的笑容，斯奈德的心都要碎了。可他无法逃离，因为还有其他两名纳粹士兵监视着，那个变态的家伙还要看他"执行任务"时的照片。随后不久，树林里传出几声杂乱的枪响……

上天似乎对莉沙很不公平，就在她被杀害的第二天，集中营被苏联红军解放了。可怜的莉沙只差一天就可以躲过这一劫，但她却永远地升入了天堂。为了揭露纳粹的暴行，第二天，各解放区的报纸相继刊登了莉沙躺在血泊中的照片，激起了人们

情商分析 斯奈德用自己的生命挽救了一个弱小的生命，用勇敢践行了人世间最真、最大的爱，这种爱足以发出明亮的光，让世界看到：一个懦夫为了爱可以变成一个英雄。在最关键的时候，他的良心克制了自己犯罪的念头，才换取了女孩的生命。

情商借鉴 别让邪恶牵走你的心

对纳粹的强烈仇恨，人们纷纷指责纳粹没有人性，连一个五岁的小孩子都不放过。攻下柏林、惩罚纳粹的呼声一浪高过一浪，莉沙的母亲更是在各地血泪控诉纳粹的罪行，并发誓要找到刽子手斯奈德……

1982 年，英国的一个城市举办了一场主题为“战争中的人性”的图片展。奇怪的是，一位曾经的纳粹战地记者的作品占据了展厅中的最佳位置，他还被邀请到现场解说。这个年近七十的老人讲述了这几张图片的来历：那一天，我和斯奈德还有另一个士兵来到树林中，平时懦弱的斯奈德不知哪来的勇气，坚决要放了那个女孩，与另一名士兵发生了激烈的争吵。那名士兵恼羞成怒，直接向斯奈德和女孩开枪，斯奈德用身体紧紧护住女孩……就在他即将倒下的那一刻，他扣动了扳机，他在战场上射杀的第一个人是自己人，女孩没死……至于几十年前的报纸上，女孩躺在血泊里的照片，完全是为了战争的需要……

这次图片展终于洗刷了斯奈德一生的骂名。

情商测试

QINGSHANG CESHI

测试你的诚实性

1. 假如说谎能给你带来好处，你会不会说谎？

A. 会

B. 不会

C. 看具体情况

2. 你在还有一门课补考通过后才能获得学位证书的情况下，会不会作弊？

A. 会

B. 不会

C. 看情况

3. 6 月 19 日，大学英语四级考试作文题在网上泄密，武汉某考点 7 名考生夹带事先做好的作文当场被抓获。如果你在考前也碰巧看到作文题，你会？

A. 不理不睬

B. 事先做好，考场照抄

C. 向有关教育主管部门反映

4. 你参加了英语 6 级 CET 考试，在未知成绩时去参加招聘会，某单位看中了你，但要求英语必须过 6 级，你会？

A. 如实相告

B. 支吾过去

C. 编造谎言

5. 当你自己犯了错误，老师却冤枉了你的同学，你是？

A. 窃喜，有人代己受过

B. 忐忑不安，很想找老师说明情况

C. 主动承担责任

6. 你阅读那些与你的观点不相同的刊物吗？

A. 从来不看

B. 看，而且还特别感兴趣

C. 如果碰到的话，也会看看

7. 你很难宽恕严重伤害过你的人吗？

A. 很难原谅他

B. 可以原谅他

C. 可以宽恕他，但不会忘记这件事

8. 你认为自己是一个诚实守信的人吗？

A. 是

B. 不是

C. 基本上是

9. 一次大学生篮球联赛中，你队以 2 分之差落后于对手。比赛结束前你来了一个三分远投，结果你投中了，裁判员没注意到你的脚踩线了，判你队以 1 分险胜对手，这时你会？

A. 举手向裁判示意你踩线了

B. 独自快乐，反正胜利就行

C. 忐忑不安，很想找裁判说清楚

10. 在田径场进行运动训练时，你无意间捡到一部新款手机，这时你会？

A. 诚实地将它交给教练员

B. 管它三七二十一，据为己有

C. 内心矛盾，不知道怎么办

11. 在无人监控的大学生英语四级考试中，你遇到了许多拿不准的题目，这时你会？

A. 看实际情况吧，小心驶得万年船，我可不要做扑火的飞蛾

B. 不会做就不会做，绝不看别人的，说不定有监控器在偷窥呢

C. 东张西望，力争准确答案，不然不及格就拿不到毕业证书

12. 在饭堂打饭时，周围人太多，服务员没留意到你是否有打卡，实际你却没打卡，这时你会？

A. 和她开个玩笑，装着没看见，一走了之

B. 人家食堂也不容易，自觉地打卡，享受刷卡消费带来的快乐

C. 义正词严地说：我打过卡了

13. 诚信、成人、成才是辩证统一的关系，诚信是基础，然后才谈得上探索如何成人与成才，你认为哪句话最能概括三者关系？

A. 车无辕不行，人无信不立

B. 有德有才者，谓之君子；有德无才者，谓之贤人；有才无德者，谓之小人

C. 成在学、思、行，行在诚、实、信

14. 助学贷款是国家为支持和鼓励家境贫寒的学生完成大学学业而设立的无担保、无抵押、无质押的纯粹意义上的信用贷款，其偿还完全取决于学生个人信用。有些高校助学贷款的还贷违约率超过20%，令学校和银行方面有苦难言。您觉得影响贷款同学还贷的最主要的因素是什么呢？

A. 是否偿还都无所谓的心理，反正国家也无法制裁自己，坚持能拖就拖，能赖就赖的原则

B. 个人或者家里出现问题，以致不能按期还款，情非得已

C. 毕业后一定时期内的收入不足以偿还贷款

15. 青春爱情是校园里永恒的话题，如果你在大学期间谈恋爱，你认为？

A. 玩玩而已，不会投入很深的感情，以后肯定会遇到更合适的

B. 对感情负责，认真投入，真心实意地恋爱，不求回报

C. 过程比结果更重要，只在乎曾经拥有，不在乎天长地久

16. 《韩非子》中的寓言：宋国有个富人，一天大雨把他家的墙淋坏了。他儿子说："不修好，一定会有人来偷窃。"邻居家的一位老人也这样说。晚上富人家里果然丢失了很多东西。假设你就是那个富人，你会怎么想？

A. 自认倒霉，就当是扶危济困

B. 运用法律武器，立即报告官府，擒拿偷盗的人

C. 儿子很聪明，怀疑是邻居家老人偷的，找他理论去

17. 在对学校或公司填写个人材料时，你会怎么做？

A. 无所谓

B. 如实填写，绝对诚信

C. 在必要时可适当虚构，不必绝对诚信

18. 怎样才能提高学生的诚信意识，实现校园诚信呢?

A. 主要靠国家，靠社会，大社会诚信了，校园这个小社会自然也就诚信了

B. 学校要严把思想教育关，把“诚信”纳入课堂话题

C. 学生自身要不断提高对诚信必要性和意义的认识，维护校园这最后一片净土

19. 两千多年前，孔子曰：“人而无信，不知其可也。”时至今日，诚信是做人之本，兴业之基，立国之策，这已是社会各界的共识。然而，我们正在经历一场严重的“诚信危机”，最严重的表现为：

A. 政治领域里欺上瞒下、粉饰政绩、买官卖官、贿选捞官、贪污腐败、权钱交易等现象在一些地方和官员身上不同程度地存在

B. 经济领域里制假贩假、偷税漏税、骗汇骗保、恶意透支、虚开票据、伪造票证、财务造假等现象相当严重

C. 教育文化领域里假成果、假学历、假文凭、假证件、假新闻屡见不鲜

20. 在教室的桌洞里你发现了上节课同学落下的手机、MP3、戒指等贵重物品，这时你会?

A. 携物私奔，换个座位，淡然处之，全当物品不在自己身上

B. 感谢上帝给我一次做好事的机会，等待失主的到来

C. 就当没看见，迅速离开这个座位

评分标准

A. 0 分　　B. 2 分　　C. 1 分

测试结果

31~40 分

你是一位诚信度很高的人，而且有很高的涵养，能充分意识到别人面临的困难，理解他们的难处。你可能会遭到别人暂时的不理解，但你仍不会同他们发生争执，你最终会成为许多人喜欢的朋友。倘若将这种宝贵的品质继续发扬下去，你定会成就一番事业。不仅如此，你还将会备受别人的尊重。

21~30 分

你的诚信度还算可以，显得比较有涵养，在许多方面能容得下别人的意见。只要心诚，石头也会开出花来，谨记这些，相信拥有诚信，你的人生之路会更平坦。

11~20 分

你的诚信度不算高，也许你还没有意识到这一点，你和朋友的友谊一般不会维持太久，你在许多没有价值的微小问题上浪费了许多时间。

0~10 分以下

你相当缺乏诚信，而且比较专横，易冒犯他人。你不能容忍别人对你做错事，但常为自己的过失找理由。衷心祝愿你擦亮心灵的窗户，别给自己蒙上一层灰。只有做到“内诚于心”，才能“外信于人”。

第三章

家和万事兴

如果我们能与所处的环境很和谐，那么很多事情将变得更美好。和谐相处就是能妥善处理人际问题，与他人和谐相处。在专业分工越来越细的前提下，不光是在家庭，在各种社交场合相互协作也变得越来越重要。时代呼唤团队合作精神，时代需要人人相互信赖、相互尊重和相互协作。协作的作用在于提高组织的效率，使团队的工作业绩超过成员个体业绩的简单之和，从而形成强大的团队凝聚力和整体战斗力，最终实现团队目标。只有真正融入了团队，才能保证工作的效率和质量，才能使明天更美好。

情商 PK：**刘毅、刘老头**

情商最高者：**刘老头**

情商值：**82**

人得长心

文/守望天使

刘毅接手了父亲的食品加工厂，他满怀着雄心壮志，心里暗暗发誓一定要把工厂弄得有声有色——让父亲瞧瞧，他的儿子并不是整天好吃懒做的花花公子，而是一个有能力的实干家。刘毅接手工厂后，虽然用心去经营，可惜经验尚浅，业绩平平。

年底的时候，刘父吩咐他说：“眼看着新年要到了，工人们的年货你一定要亲自送去，年货还要和往年一样，米、面、钱一样也不许少。他们都是和我一起拼搏创业的人，咱们不能忘本呀。”

刘毅哼哼哈哈地答应着，心里却在盘算着，父亲既然开口了，这笔开销当然是不能省的了，不过可以……他心里暗暗发笑。转眼到了大年三十，这天刘父和往年一样，去那些工人的家里聊聊天，唠唠家常。他走了几家，感觉这些工人仿佛都没有以前热情，说话都欲言又止。他紧锁着眉头，来到最后一家——老王家里。

他进去的时候老王的老伴正在往锅里下饺子，老王忙招呼他在这里吃饺子。他本来是不想吃的，可是一路走来感觉这些老人对他的态度变了，就老王还和以前一样。他很纳闷，正想找个人唠唠，于是他就留了下来。

俩人不咸不淡地唠着家常，他刚想问今年这人都怎么了，难道他退休了，这些老朋友就忘了他不成？

还没等说，老王的老伴端上来一盘面片一样的东西。刘父惊讶地说：“嫂子你怎么把饺子煮成面片了？”

王老汉的老伴瞪了他一眼说：“这不就是你送来的面吗？煮饺子一煮就破，擀面条出锅就像疙瘩汤，蒸出来的馒头能打死人。我和老王说这面好像是假面，扔了吧！老王死活不同意，他说就是假的也是你一番心意，他也得吃了。”说完，她放下饺子就进了厨房。

刘父看着这盘面片一样的饺子，眼泪

掉了下来，他什么也没说，打电话在厂里叫了几个人把送给工人们的米面全部换成最好的，这些次货全部拉回他的家。

到了吃年夜饭的时候，刘毅笑嘻嘻地坐到了父亲身边，兴奋地说着今年厂里赚了多少多少钱。

就在这时，刘毅的母亲端上了一盘饺子，他一看这哪是饺子呀，整个一盘子片汤呀！刘毅大叫着说：“妈！咋整的，饺子都煮破了呀？”

刘老头嘿嘿冷笑着说：“不是饺子没煮好，是面是次面，根本煮不住饺子。”

刘毅皱着眉说：“妈，咱家又不是没钱，你咋还买这么次的面，你闻闻一股霉味，能吃吗？”

刘父“啪”的一声摔了筷子，大吼道：“不能吃？不能吃你还买来送给工人们？大过年的你就让人家吃这样的面，你缺德不缺德？长没长心？过了年你该干吗干吗去吧！工厂不用你管了。”

刘毅红着脸叫了一声：“爸……”

这一年刘父家整整吃了一年长虫子的米，发了霉的面，可这一年食品厂的业绩翻了几番。

情商分析 不管做什么事都要对得起自己心中的镜子，每个人心中都有一面辨识善恶的镜子。只要你做的事情对得起自己的良心，那么这面镜子照射出来的才是真实的你。倘若你违背自己的良心，镜子折射出来的就是扭曲的你。

遵从自己内心的想法 情商借鉴

情商 PK：**朋友、我**
情商最高者：**朋友**
情商值：**98**

多一句赞美

文/雅特·鲍奇华

几天前，我和一位朋友在纽约搭计程车。下车时，朋友对司机说：“谢谢，搭你的车十分舒适。”这司机听了愣了一愣，然后说：“你是混黑道的吗？”

“不，司机先生，我不是在寻你开心，我很佩服你在交通混乱时还能沉住气。”

“是呀！”司机说完，便驾车离开了。

“你为什么会这么说？”我不解地问。

“我想让纽约多点人情味，”他答道，“唯有这样，这城市才有救。”

“靠你一个人的力量怎能办得到？”我充满疑惑地望着他，同时又涌出强烈的好奇心。

“我只是起带头作用。我相信一句小小的赞美能让那位司机整日心情愉快，如果他今天载了 20 位乘客，他就会对这 20 位乘客态度和善，而这些乘客受了司机的感染，也会对周遭的人和颜悦色。这样算来，我的好意可间接传达给 1000 多人，不错吧？”

“但你怎能希望计程车司机会照你的想法做呢？”

“我并没有希望他，”朋友回答，“我知道这种作法是可遇而不可求，所以我尽量多对人和气，多赞美他人，即使一天的成功率只有 30%，但仍可连带影响到 3000 人之多。”他镇静地望着我，诚恳地回答。

“我承认这套理论很中听，但能有几分实际效果呢？”我没有注意到，有一丝微笑已经从我的嘴角溢出了。

“就算没效果我也毫无损失呀！开口称赞那司机花不了我几秒钟，他也不会少收几块小费。如果那人无动于衷，那也无妨，明天我还可以去称赞另一个计程车司机呀！”他摊着手，仿佛在说一件再正常不过的事情。

“我看你脑袋有点天真病了。”我并

不表示赞同，可也许心里已经有些动摇了。

“从这就可看出你越来越冷漠了。我曾调查过邮局的员工，他们最感沮丧的除了薪水微薄外，另外就是欠缺别人对他们工作的肯定。” 他微皱了皱眉头。

“但他们的服务真的很差劲呀！”

“那是因为他们觉得没人在意他们的服务质量。我们为何不多给他们一些鼓励呢？”

我们边走边聊，途经一个建筑工地，有5个工人正在一旁吃午餐。我朋友停下了脚步，“这栋大楼盖得真好，你们的工作一定很危险辛苦吧？”那群工人带着狐疑的眼光望着我朋友。

“工程何时完工？”我朋友继续问道。

“6月。”一个工人低应了一声。

“这么出色的成绩，你们一定很引以为荣。”

离开工地后，我对他说：“你这种人也可以列入濒临绝种动物了。”

“这些人也许会因我这一句话而更起劲地工作，这对所有的人何尝不是一件好事呢？”

“但光靠你一个人有什么用呢？你不过是一个小民罢了。”

“我常告诉自己千万不能泄气，让这个社会更有情原本就不是简单的事，我能影响一个就一个，能两个就两个……”

“刚才走过的女子姿色平庸，你还对她微笑？”我插嘴问道。

“是呀！我知道，”他答道，“如果她是个老师，我想今天上她课的人一定如沐春风。”

然而这一次，我没有再反驳他。因为当我们路过一位行乞的老人时，我嘴边的微笑和投出的硬币发出的声响已经告诉我——我相信了我的朋友，并且也在努力地成为他那样的人……

情商分析 开口赞美一个人要花费多少时间呢？不过是几秒钟的事，可为什么人们却不愿意为之呢？我想大概是因为城市的冷漠已经变成习惯，何不从自己做起，拒绝冷漠。

让生活多一些赞美 情商借鉴

情商 PK：**哈默、杰西克库思、杰克逊**
情商最高者：**杰克逊**
情商值：**120**

关照别人就是关照自己

文/黎　明

黑人杰西克库思是当时美国一家名不见经传的小报记者。

因为种族歧视，在那家报社中他感到四面楚歌，受人排挤。与别人交往更成了他最头疼的事情。

那时，美国的石油大王哈默已蜚声世界，报社总编希望几位记者能采访到哈默，以提高报纸的声誉与卖点。

杰西克便在心底暗暗发誓，一定要独立完成稿子，以便让他们不敢轻视自己。

有一天深夜，杰西克终于在一家大酒店门口拦住哈默，并诚恳地希望哈默能回答他的几个简短问题。

对杰西克的软磨硬缠，哈默没有动怒，只是和颜悦色地说："改天吧，我有要事在身。"

最后迫于无奈，哈默同意只回答他一个问题。杰西克想了想，问了他一个最敏感的话题："为什么前一阵子阁下对东欧国家的石油输出量减少了，而你最大的对手的石油输出量却略有增加。这似乎与阁下现在的石油大王身份不符。"

哈默依旧不愠不火，平静地回答道："关照别人就是关照自己。而那些想在竞争中出人头地的人如果知道，关照别人需要的只是一点点的理解与大度，却能赢来意想不到的收获，那他一定会后悔不迭。关照，是一种最有力量的方式，也是一条最好的路。"

哈默离去后，杰西克怅然若失地呆站街头。他以为哈默只是故弄玄虚，敷衍自己。当然那次采访也没有收到预想的效果，他一直耿耿于怀，对哈默的那番不着边际的话更是迷惑不解。直到十年后，他在有关哈默的报道中读到这样一段故事——在哈默成为石油大王之前，他曾一度是个不幸的逃难者。有一年冬天，年轻的哈默随一群同伴流亡到美国南加州一个名叫沃尔逊的小镇上，在那里，他认识了善良的镇长杰克逊。

可以说杰克逊对哈默的成功起了不可估量的作用。

那天，冬雨霏霏，镇长门前的花圃旁的小路便成了一片泥淖。于是行人就从花圃里穿过，弄得花圃里一片狼藉。哈默也替镇长痛惜，便不顾寒雨染身，一个人站在雨中看护花圃，让行人从泥淖中穿行。这时出去半天的镇长笑意盈盈地挑着一担炉渣铺在泥淖里。

结果，再也没人从花圃里穿过了。最后镇长意味深长地对哈默说：“你看，关照别人就是关照自己，有什么不好？”

从这个故事中，杰西克也终于领悟到，每个人的心都是一个花圃，每个人的人生之旅就好比花圃前的小路。而生活的天空又不尽是风和日丽，也有风霜雪雨。那些在雨路中前行的人们如果能有一条可以顺利通过的路，谁还愿意去践踏美丽的花圃，伤害善良的心灵呢？

从那以后，杰西克与报社其他同事坦诚相处。同事们不再排挤他了，亲切地喊他“黑蛋”。而直到多年后，他卸下报社主编的重担，一人隐居乡间安享晚年的时候，围着他蹦蹦跳跳的不同肤色的孩子们也喊着他“黑蛋”，因为，他的邻居们真的已记不得他叫什么名字了。

情商分析 面对他人的嘲笑或误解，最好的办法就是报以微笑和宽容之心，让他们知道你并非带着恶意，如此才会渐渐感化他人，更容易融入到大环境之中。所以说，理解和大度最容易缩短两颗敌视的心之间的距离。关照他人就是在给自己搭一座通往他人的桥梁。

关照就是两颗心之间最美的桥梁 **情商借鉴**

情商 PK：**中科院老师、漂亮女孩、朋友 A、父母**
情商最高者：**中科院老师、朋友 A**
情商值：**101**

掌心化雪，滴滴晶莹

文/张 慧

这是一个真实的故事。她丑得名副其实，肤黑牙突，大嘴暴睛，神情怪异，好像还没发育好的类人猿，又像《西游记》里被孙悟空打死的那个鲇鱼怪。爸爸妈妈都不喜欢她，有了好吃的好玩的，也只给她漂亮的妹妹。她从来都生活在被忽略的角落。

在学校，丑女孩更是备受歧视，她坐在最后面，守着孤独的世界。有一回，班里最靓的女生和她在狭窄的走廊遇上，靓女生一脸鄙夷，小心翼翼地挨着墙走，生怕被她碰着，哪怕是衣角。丑女孩满怀愤怒，又无处诉说，她回家躺在黑暗里咬牙切齿，酝酿复仇——她要买瓶硫酸，送给同班的靓女生，甚至妹妹也要"变丑"，逼着父母学会一视同仁。

不是没有犹豫。她一直善良，碰见走失的猫狗都会照顾。于是，她蒙着纱巾，遮盖住丑陋的面孔，去见中科院心理研究所的老师。哪怕对方有丁点厌恶，都足以把她推下悬崖。

老师眼神明净，声音柔和，鼓励她解下纱巾。她踌躇地照做了。老师微笑着起身，走过来，轻轻拥抱住她。那一刻，陌生温暖的怀抱化解了她身上的戾气，让她莫名落泪。从此，丑女孩一改阴郁仇视的眼神，微笑的她最终被父母、同学接受。

只需要一个拥抱，就能改变一个人的一个小时、一天、一个月，乃至一生。

平凡如我们，都需要这样的爱，相互

鼓舞慰藉。

记得有一次，我去医院看眼睛，被点了药水之后，刚才熟悉的世界陡然陷入了黑暗。身外一片人声吵嚷，脚步杂乱，我战战兢兢不敢举步，恍惚间只觉得面前是万丈深渊。幸好有只手伸过来，轻轻把我送到长椅上坐定。这只陌生的手让我渐渐安心，心情坦然。

我的朋友 A 只是个市井小人物，但是“无缘大慈，同体大悲”的精神深入骨髓。他每月工资少得可怜，从不肯乱花一分钱，但是身上总是带着硬币，施予沿途乞讨的老人。有一天，我们结伴回家，他看到一位老人在秋风中双手抱膝，脑袋低垂到胸前，瑟瑟颤抖。他马上掏出零钱，又拉着我走到附近一家小吃店，买了几个热包子，放到老人面前。他做这一切都很自然，从不骄矜自喜，反而觉得羞愧，羞愧自己能力不够，无法盖得广厦千万间，大庇天下寒士俱欢颜。

不以善小而不为——一个温暖的眼神，一句轻轻的鼓励，都足以变成一个人心中的蜂飞蝶舞，水绿天蓝。因为现实如此冰冷坚硬，人心更要柔软，好比掌心化雪，滴滴晶莹。

情商分析 假如你碰到黑暗里挣扎的人，请不要背过身去，伸出一只手，就能给对方一个春天，让一颗心慢慢复苏。即使对方并不知道你是谁，也会一直记得你掌心的温度。

情商借鉴 一个拥抱、一个微笑就足以让世界变得更美好

情商 PK：**公交司机、乘客**
情商最高者：**不分伯仲**
情商值：**100**

给一只猫让座

文/艾 伦

初到英国，每天清晨，我都要从住地多塞特郡布里德波特搭乘公交车，赶到查茅斯一家商场去工作。

公交站牌附近，有一棵高大的法国梧桐。清晨 6 点钟，我站在郁郁葱葱的梧桐下，等待公交车的到来。奇怪的是，有一只黄白相间、油亮肥硕的猫咪也蹲在候车人们的脚下。它闪动着蓝色的美瞳，悠然自得地欣赏远处的风景，而周围的人们并未对此显示惊讶。公交车缓缓驶来，人们不约而同地向后退一步，有人冲着猫咪温柔甜蜜地喊：“道奇，快上车！”猫咪伸个懒腰，甩甩尾巴，昂首阔步地跳上车阶。“你好！道奇。”司机转过头热情地打招呼，猫咪冲着司机“喵喵”两声，算是回应。而后它迈着小脚丫，在车上来回踱步巡视，胡须一翘一翘的，不亚于虎王。

乘客们则小心翼翼，缓抬脚，轻落步，生怕伤着猫咪。估计是周末的原因，车上的人真不少，恰好满座。猫咪则独自站在车子的走廊中间。“道奇，坐我膝上！”一位金发碧眼的女人对着猫咪招手。猫咪瞥了一眼，又转过头去，似乎在说：我没兴趣！又有几个乘客向道奇示好，想去抱它，都被它“呜呜”拒绝了。“看来，今天道奇的心情不太好哇！”乘客们哈哈大笑，宽容、善意而又充满怜爱。突然，前排靠车窗处，竟然有一位中年绅士站起来，说：“道奇，坐这儿！”我呆住了，以为自己听错了，人竟然给猫让座！猫咪的脸上笑意盈盈，“噌”的一下跳上柔软的座位。此时，太阳升起，穿过车玻璃，猫咪沐浴着万道金光。

车子里温度适宜，它凝望着窗外如画的风景，似在凝眸沉思。如果给它一支笔，说不准它还能写一首柔婉的抒情诗。

“优先上车，和司机打得火热，还有人让座，谁家的猫受到如此优待？”我忍不住用英语向我身边坐着的一个大学生模样的男孩儿询问。“呵呵，你说这只猫啊，它叫道奇，今年 15 岁，喜欢坐公交车旅游，它每次的公交车之旅路线固定，都是由布里德波特前往查茅斯，之后返回，往返距离大约 16 公里。她的主人是琼斯夫人，普通公民，不久前才搬到布里德波特，就住在车站附近。”“那公交公司同意吗？”看着我一脸惊奇，旁边另一名乘客插嘴，“你刚来不知道吧，我们国家的公交公司并不介意道奇搭乘公交车，但鉴于道奇年纪已经很大，把它当作年老的猫咪乘客，可以和普通公民一样享受免费坐车权。”“怪不得这只猫见到人没被吓跑，反而修炼出一种沉静笃定的气质！”我禁不住赞叹。“知道那个让座的人吧，他是我们这儿一所名校的校长。”男孩儿继续说。

“先生们，女士们，友情提示，请不要再喂道奇食物，因为道奇有主人，我们不应该降低它回家吃食物和休息的动力，这是我们公司的规定。”公交扬声器里播放了一段录音。在英国，人与动物之间如此和谐，令我感叹不已。

上下班往返次数多了，有一次，道奇竟顺着我的膝盖爬到我的肩上，毛茸茸的尾巴扫着我的脸颊，又痒又麻，很是惬意。由此，在英国坐公交车，我非但不感到枯燥，竟成了一种愉悦和享受。有一次返回布里德波特小站时，有人打电话给琼斯夫人：“道奇就要到家了，快来接啊！”车子到站时，就有一位胖胖的、笑容灿烂的女人迎上来，连声道谢。“心肝儿，宝贝”地喊着把道奇抱下车。

“给一只猫让座”，把一只年老的猫当成一名公民来尊重，并且间接尊重猫背后的主人。英国人的细腻和礼让，给我上了很好的一课。

情商分析 面对一只小小的动物，多塞特郡的居民们都如此宽容，更何况是和自己的同类共处呢？把一只猫儿当作公民，当作与人类平等的动物来对待，才会使得外来的游客感受到温情和暖意。

情商借鉴 始终抱着平等的心态对待任何事物

情商 PK：**米先生、老波比、法官**
情商最高者：**米先生**
情商值：**98**

换颗心又如何

文/徐 蕾

一个是电脑公司的总裁米先生，一个是该公司大厦的看门人老波比，他们两个提出要交换心脏，并且因为医生拒绝手术而向法院提出申请，要求法院颁令强制医生执行。

其实故事发生在五年前，那时波比还是一个流浪汉。在一个下雪天，米先生见到他，没有给他钱，却带他去喝了一顿热汤。那是他们第一次交谈，说起足球，说起往事，原来他们在高中时曾参加过同一场球赛。

从那一天起，他们真正成了朋友。米先生介绍波比进了自己的公司做门卫，并没有刻意照顾，不过是让他做力所能及的工作，薪水微薄，聊以糊口。唯一与其他员工不同的是，每个星期三，他们仍会相聚，共进一顿午餐。整整五年，周周如此。直到一个月前米先生因为心脏病而失约，波比才知道他的老朋友的心脏岌岌可危，随时都会停跳，即使做最好的医药治疗，也最多可维持两三年。于是，他提出来要与朋友交换心脏。

他向法庭陈述了自己的理由："他有家庭，有妻子，两个孩子，还有整个公司上千人在等他开工吃饭；而我，一个流浪汉，一无所有，无家无业，无儿无女。他的价值远大于我，如果我能有什么可以给他，与他交换，我很乐意。我会因为终于有机会做一件重要的事而觉得不枉此生，这会是我在人世间创造的最大价值。"

律师问："如果你是总裁而他是门卫，你还会愿意跟他交换心脏吗？""不，如果我是总裁，未必会带他在寒天喝热汤。"老波比说，"五年中，他曾经给予我很多，而我唯一能给予他的就是，友谊与我健康的心脏。"

然而没有人愿意相信这份友谊是真实的，这恰恰是因为他们的身份太不对等了，人生的价值也太悬殊。律师因此认为有理由质疑米先生在这场交往中的获益——除了那心脏！倘若不是为了换心，那么他最初与一个流浪汉的循序渐进的友谊到底意义何在？

米先生回答："在我的周围，人人视

我为老板，但是没有人肯与我推心置腹，当我是朋友。只有他，波比，他从不奉承我，固执己见，稍不如意就对我暴跳如雷，但他却真正当我是朋友，平等、自由的朋友。当他向我提出换心的要求的时候，我答应了。这并不是因为我是总裁而他是门卫，我的考虑仅仅是因为我有儿女，不想让他们失去父亲。这里面没有金钱交易。如果你们质疑这友谊，认为我在安排波比进公司时就在计划换心，那么不是侮辱了我，而是侮辱了我的朋友波比。”

法官最终还是宣布他们败诉——基于众生平等的无上原则，没有一条法律可以强制要求以一个生命的结束来换取另一个生命的延续。

老波比十分沮丧，米先生却淡然地说：“我早知道是这样的结局。我知道法庭根本不可能颁布这样的强制令，我也根本不会接受你换心的要求。可是我知道，如果不让你出庭，你无论如何都不会甘心的。”

波比惊愕道：“你答应出庭只是为了让我说出那些慷慨激昂的话，让我当一回英雄？”

米先生答：“不，是你令我成为英雄。这样，我以后就可以无比骄傲地告诉儿女，不要以我的成功炫耀，而应该引以为豪的是：你们的父亲，曾经拥有一个像老波比这样的朋友。人人都说为友谊应该两肋插刀，然而只有他真正做到，他竟然愿意把自己的心脏给我。”

情商分析 人们总是戴着有色眼镜去观察身边的人，米先生和老波比因为身份的悬殊而受到大家的怀疑。但老波比并未因此放弃对米先生的友谊，也因为“换心”使得二人的情意变得更加深厚，这都是因为在他们的友情中并未夹杂任何杂质。

情商借鉴 真正的友谊是经得住各种诱惑和考验的

情商测试

QINGSHANG CESHI

测试 你的倾听能力

1. 力求听对方讲话的实质而不是他的字面意义。

A. 一贯　B. 多数情况下

C. 偶尔　D. 几乎从来没有

2. 以全身心投入的姿势表达你在入神地听对方说话。

A. 一贯　B. 多数情况下

C. 偶尔　D. 几乎从来没有

3. 别人讲话时不急于插话，不打断对方的话。

A. 一贯　B. 多数情况下

C. 偶尔　D. 几乎从来没有

4. 会一边听对方说话，一边考虑自己的事。

A. 一贯　B. 多数情况下

C. 偶尔　D. 几乎从来没有

5. 做到听批评意见时不激动，耐心地听人家把话说完。

A. 一贯　B. 多数情况下

C. 偶尔　D. 几乎从来没有

6. 即使对别人的话不感兴趣，也耐心地听人家把话说完。

A. 一贯　B. 多数情况下

C. 偶尔　D. 几乎从来没有

7. 不因为对说话者有偏见而拒绝听他说话。

A. 一贯　B. 多数情况下

C. 偶尔　D. 几乎从来没有

8. 即使对方地位低，也要对他持称赞态度，认真地听他讲话。

A. 一贯　B. 多数情况下

C. 偶尔　D. 几乎从来没有

9. 因某事而情绪激动或心情不好时，避免把自己的情绪发泄在他人身上。

A. 一贯　　B. 多数情况下
C. 偶尔　　D. 几乎从来没有

10. 听不懂对方所说的意思时，利用有反射听的方法来核实他的意思。
A. 一贯　　B. 多数情况下
C. 偶尔　　D. 几乎从来没有

11. 利用套用法证明你正确地理解对方的思想。
A. 一贯　　B. 多数情况下
C. 偶尔　　D. 几乎从来没有

12. 利用无反射听的方法鼓励对方表达他自己的思想。
A. 一贯　　B. 多数情况下
C. 偶尔　　D. 几乎从来没有

13. 利用归纳法重述对方的思想，以免曲解或漏掉对方所转达的信息。
A. 一贯　　B. 多数情况下
C. 偶尔　　D. 几乎从来没有

14. 避免只听你想听的部分，注意对方的全部思想。
A. 一贯　　B. 多数情况下
C. 偶尔　　D. 几乎从来没有

15. 以适当的方式鼓励对方把心里话都说出来。
A. 一贯　　B. 多数情况下
C. 偶尔　　D. 几乎从来没有

16. 对对方保持适当的目光接触。
A. 一贯　　B. 多数情况下
C. 偶尔　　D. 几乎从来没有

17. 既听对方的口头信息，也注意对方表达的情感。
A. 一贯　　B. 多数情况下
C. 偶尔　　D. 几乎从来没有

18. 与人交谈时选择合适的位置，使对方感到舒适。
A. 一贯　　B. 多数情况下
C. 偶尔　　D. 几乎从来没有

19. 能观察出对方的言语和心理是否一致。
A. 一贯　　B. 多数情况下
C. 偶尔　　D. 几乎从来没有

20. 注意对方的非口头语言所表达的意思。
A. 一贯　　B. 多数情况下
C. 偶尔　　D. 几乎从来没有

21. 向讲话者表达出你理解了他的意思。
A. 一贯　　B. 多数情况下
C. 偶尔　　D. 几乎从来没有

22. 不匆忙下结论，不轻易判断或批评对方的话。
A. 一贯　　B. 多数情况下
C. 偶尔　　D. 几乎从来没有

23. 听话时把周围的干扰因素排除

到最低限度。

A. 一贯　B. 多数情况下

C. 偶尔　D. 几乎从来没有

24. 不向讲话者提太多问题，以免对方产生防御反应。

A. 一贯　B. 多数情况下

C. 偶尔　D. 几乎从来没有

25. 对方表达能力差时不急躁，积极引导对方把思想准确地表达出来。

A. 一贯　B. 多数情况下

C. 偶尔　D. 几乎从来没有

26. 在必要时边听边做笔记。

A. 一贯　B. 多数情况下

C. 偶尔　D. 几乎从来没有

27. 对方讲话速度慢时，抓住空隙整理出对方的主要思想。

A. 一贯　B. 多数情况下

C. 偶尔　D. 几乎从来没有

28. 不指手画脚地替讲话者出主意，而是让对方确信自己有解决问题的办法。

A. 一贯　B. 多数情况下

C. 偶尔　D. 几乎从来没有

29. 不伪装，认真听人家讲话。

A. 一贯　B. 多数情况下

C. 偶尔　D. 几乎从来没有

30. 经常锻炼自己的倾听能力。

A. 一贯　B. 多数情况下

C. 偶尔　D. 几乎从来没有

评分标准

A. 4 分　B. 3 分　C. 2 分　D. 1 分

测试结果

105~120 分

说明你的倾听能力为“优”，你很擅长倾听别人的烦恼，并且善于和他人沟通。

89~104 分

说明你的倾听能力为“良”，老实说，你的耐心算是不错的，只是有时候会开小差。

73~88 分

说明你的倾听能力为“一般”，看来你还欠缺一些耐心哦。

72 分以下

说明你的倾听能力为“劣”，你很少倾听别人的烦恼，大部分时间都是你在向别人吐苦水。

第四章 他们就是我们

即使犯错，我们也要原谅他们，因为他们就是我们。人与人相处是一门很高深的学问，而这首先要求我们能通情达理地考虑他人的情感感受和行为原因，具备换位思考的能力和习惯，理解和认可情感差别，能与自己观念不一致的人和平相处，理解别人的感受，察觉别人的真正需要，具有同情心。“通情达理”的基本特征是“准确理解他人”和“准确表达他人的思想”。能够通过细微的社会信号，敏感地感受到他人的需求与欲望，认知他人的情绪，这是与他人正常交往、实现顺利沟通的基础。准确理解他人就需要换位思考和高位思考。只有换位思考，才能达到“己所不欲，勿施与人”的效果；只有高位思考，才能达到“欲穷千里目，更上一层楼”的佳境。

情商 PK：**卓别林、棒球迷朋友、身边的人**
情商最高者：**卓别林**
情商值：**99**

尊重他人所尊重的

文/厄尔斯

在一次巡回表演的过程中，卓别林通过朋友的介绍，认识了一个对他仰慕已久的观众。卓别林和对方很谈得来，很快就成了关系不错的朋友。

在表演结束之后，这个新朋友请卓别林到家里做客。在用餐前，这个身为棒球迷的朋友带着卓别林观看了自己收藏的各种各样和棒球有关的收藏片，并且和卓别林兴致勃勃地谈起了心爱的棒球比赛。

朋友对棒球爱到了痴迷的境界，一旦打开话匣子就收不住了，滔滔不绝地和卓别林谈起了棒球运动。从对方谈起棒球开始，卓别林的话就少了很多，大多数的时候都是朋友在讲，他则微笑注视着对方，并认真地听着。

朋友说到高兴的地方，两只手兴奋异常地比画了起来。他说起自己亲自体验到的一场精彩比赛时，仿佛已经置身于万人瞩目、激动人心的棒球场上了，完全沉浸在了对那场比赛的回味之中。卓别林仍旧微笑地看着对方，偶尔插上几句，让朋友更详细地介绍当时的场景。朋友越说越兴奋，只是对一直没能得到那场比赛里明星人物的签名有些沮丧。不过，这种沮丧的情绪很快就被他对那场比赛的兴奋所冲淡了。

那天中午，沉浸在兴奋之中的朋友说得兴起，差点把午饭都忘记了，直到他夫人嗔怪着让他快点带客人来吃饭的时候，他才不好意思地笑着拉起卓别林来到了餐桌前。

那天的午餐，大家的兴致都非常高，尤其是卓别林和这位新认识不久的朋友，彼此之间相谈甚欢。

在当地的演出结束之后，这位新朋友非常舍不得卓别林，一直将他送出了很远，才依依不舍地道别。

不久之后，这次巡回演出也告一段落。回到家里，卓别林通过各种关系，费尽周折找到了朋友说起的那个棒球明星，请他在一个棒球帽上签了名之后，卓别林亲自把这个棒球帽寄给了远方那个对棒球极度痴迷的朋友。

卓别林的举动让他身边的人非常不解，因为大家都知道，喜欢安静的卓别林对棒球从来就没什么兴趣。他们简直就无法想象一个对棒球丝毫不感兴趣的人只是为了朋友的一句话，就费了这么大的精力去要一个签名。尤其是当大家知道了对棒球一无所知的卓别林居然和朋友聊了大半天的棒球比赛，大家更加想不明白了——要知道，在那么长的时间里听朋友讲一个自己完全不感兴趣的事情，那种滋味儿可是非常难受的。

卓别林倒是很洒脱，他告诉身边的人："我是对棒球不感兴趣，可我的朋友对棒球感兴趣，只有尊重他人所尊重的事物，别人才能感受到自己被理解，被尊敬，这是一切友谊的基础。"

后来，当朋友听到了卓别林这段话之后，拿着他送来的棒球帽，感慨良久。两个人的友谊整整延续了一生。

很多年之后，已经白发苍苍的他说起这段往事仍旧慨叹不已："我今生能够成为卓别林的朋友，是我最大的荣幸。是他让我明白了什么叫作真正的尊重和真正的友谊。他的人格光芒照亮了我的一生。"

这个世界上有千千万万的人，每个人的兴趣爱好各不同。我们只有尊重他人所尊重的一切，尊重别人的爱好和兴趣，才能和他们产生共鸣，成为朋友。

情商分析 世上的悲剧，往往是由于不懂得尊重别人的兴趣，不懂得欣赏别人的行为方式和不懂得包容别人的生活方式而产生的。一个真正拥有智慧的人，必定是一个懂得尊重和包容他人一切的人。

情商借鉴 尊重他人所尊重的一切，也就是在为自己广交朋友，从而为人生的辉煌打下良好的基础

情商 PK：**本·斯巴恩、姗妮太太**
情商最高者：**姗妮太太**
情商值：**90**

大路边上的西红柿

文/沈岳明

15 岁的本·斯巴恩和他 13 岁的弟弟哈利森·斯巴恩，在得克萨斯州的一个农场附近流浪了一个礼拜。

暑假里的第一个礼拜天，哥哥本给弟弟哈利森买来了一个比萨饼。本说：“哈利森，你已经跟我在这里捡了一个礼拜的废品了，这是哥哥给你的奖励。”哈利森两眼放光地接过比萨饼，狠狠地咬了一口后，说：“味道好极了，只是，哥哥，要是再有点西红柿酱就好了。”本用手挠了挠后脑勺，有点为难地说：“弟弟，我已经没有多余的钱买西红柿酱了，因为我买了足够我们吃一个礼拜的面包，卖面包的姗妮太太还多给了我们几个面包呢。”哈利森安慰着本说：“哦，是这样啊哥哥，那还是算了吧，其实我也不是很喜欢吃西红柿酱。”本朝四周看了看，突然高兴地说：“不如我们去买几个西红柿自己做西红柿酱吧，你看，那条大路边上有一小块西红柿，只是不知道是谁种的。”

本和哈利森在那块种有西红柿的地边上徘徊了很久，也没见到它的主人出现。最后，本说：“可能是野生的西红柿吧，不如我们先摘上几个吃吧，如果它的主人找来，我们便给点钱。”哈利森觉得哥哥的主意不错，于是兄弟俩一人摘了两个西红柿。

那天晚上，他们将西红柿捣成酱涂在了干冷的面包上，他们吃得津津有味，觉得世界上再也没有比这更加美味的食物了。本和哈利森的父母早逝，他们是靠一位不知名人士的捐款才上的学。可是，学校放暑假时，他们便没了去处，他们只得四处流浪，靠捡废品换得一些面包充饥。

没想到，他们竟然发现了这么多野生的西红柿。刚开始，本还以为这些西红柿是有主人的，于是每天都会去那块地边等主人的到来，他希望能够给主人一些钱。可是，整个暑假都快过去了，他们也吃了不少西红柿，但主人还是没有出现。哈利森说：“肯定是上帝可怜我们，于是便赐给了我们这么多西红柿。”

就在本和哈利森的暑假快要结束的前一天晚上，本晚上从他们临时搭建的帐篷里出来上厕所，突然看到月光下有一个瘦弱的身影在西红柿地里晃动。莫非是一个偷西红柿的贼？可是，那明明是一块无主的地，不管是谁都可以摘的啊。那人为什么不白天来摘，而偏偏要晚上来偷呢？本想，这人真是怪，就在他决定不管那人回帐篷继续睡觉时，突然发现，那人似乎并不像是在偷西红柿，倒像是在给西红柿浇水。

如果不是西红柿的主人，谁会给那块地浇水呢？如果是西红柿的主人，又为何不白天浇水而要等到晚上呢？莫非晚上浇水对西红柿的生长有利？那也没必要等到半夜呀。

强烈的好奇心驱使本慢慢地走到了那块西红柿的地边上。当本走近时才看清，那个瘦弱的身影居然是卖面包时多给了自己一些的姗妮太太。本小声叫道：“姗妮太太，这些西红柿是您种的吗？”姗妮太太显然没想到这个时候还有人出现在她的身后，她突然转过身来：“哦，小宝贝，你是怎么知道这些西红柿是我种的呢？”本说：“如果不是您种的，那您为何要给这些西红柿浇水呢？”姗妮太太说：“千万别说出去，我的孩子，我之所以这个时候来给西红柿浇水，是因为我不想让别人知道这些西红柿是我种的，特别是那些像你一样的流浪儿，还是让他们认为这些西红柿是野生的好，这样他们便可以安心地享用了。”

本感动得泪流满面，说：“谢谢您，姗妮太太，虽然我是一个流浪儿，但从来没有感到孤独过，因为我知道，在这个世界上，有许多像您一样关心我们、疼爱我们的人。”

情商分析

一滴水，可以说微不足道，但它能滋润一颗小小的种子。一个善意的行为，对自己并无损害，却能温暖另一个心灵。这个行为会像一颗小小的种子一样，因为有了更多善良的人在不停地给它浇水，最终长成参天大树。

情商借鉴 设身处地地为别人着想，给他人帮助，也是在帮助自己

情商 PK：**蓝冰、我**
情商最高者：**蓝冰**
情商值：**80**

友情是株生长缓慢的植物

文/顾晓蕊

推开窗，天刚微亮，一轮红日从远山中冉冉升起。宿舍楼下的花圃里花儿开了，散发出若有若无的香气，像我隐秘而青涩的心事。来这所中学已有半年多了，每天清晨我习惯推窗远眺，山的后面是我思念的家园。虽然隔几个月能回家一趟，但对第一次离家住校的我来说，想家的滋味还是很难受的。

不过很庆幸，在这里我认识了蓝冰。她坐在我的前排，皮肤细白如瓷，一双乌黑的大眼睛显得水灵、俏皮。她是一个爱说爱笑的女孩，空闲时常跟我攀谈，渐渐地冲淡了我对家的思念。

蓝冰的家离学校不远，有一个周末，她邀请我到家里去玩。蓝冰妈妈做了很多小菜，盛在精致的瓷盘里。第一次受到这么隆重的招待，我心里顿时涌起一股暖流。临走时，蓝冰跑到院里搬来一盆花，说："这是我最喜欢的海棠，又叫解语花，现在把它送给你吧。"那盆海棠被我摆在窗台上，碧绿的叶片鲜嫩欲滴。也正是从那以后，我们的友谊突飞猛进，只要一有时间我们就凑在一起，说着总也说不完的话。

那是一个微风徐徐的傍晚，我们背靠背地坐在草地上，聊起了各自的心事。我的家境并不富裕，为了供我上学，母亲到附近的山上砸石子。她静静地听着，随后也向我道出心底的秘密。那天我们聊了很久，直到夜空中升起繁星点点，才依依不舍地离开了。

情商分析 朋友之间的相处要多些理解和宽容，给对方一个解释的机会，千万不要互相埋怨和责怪，那样只会让事情变得更糟，彼此之间产生更深的隔阂。

情商借鉴 两人冷战时，勇于跨出第一步的人并没有输，因为你赢得了友情、爱情、亲情

不久后的一天，班上有位学生患了重病，同学们想凑钱去看望他。我翻遍钱夹掏出 10 元钱，交给负责收款的班长，他笑着摇了摇头，“听蓝冰说你家里很穷，就别参与了。”我愣了一下，随即红着脸跑开了。妈妈曾说过能给予就不贫穷，他偏要给我贴上“贫穷”的标签，最可气的是传话的竟是蓝冰。

正当我为此懊恼的时候，又爆出一桩“新闻”。班上外号“小喇叭”的男生，把蓝冰的诗抄到后面的黑板上，还在题目下加了句——致班长。几个男生吹着口哨起哄，蓝冰气得脸色苍白。

放学铃响了，同学们纷纷散去，我起身正要离开，被蓝冰喊住，“你给我解释一下，怎么会这样呢？”我脸色微变，嘴上却不甘示弱，“先问问你自己，是谁把我的情况告诉班长的？”或许是我的声音有些大了，她气呼呼地说：“看你那熊样子！”什么？她居然说我“熊样子”，要知道在当地方言里，这是句带有轻侮的话。我冷冷地看了她一眼，然后转身离开，只留她一个人愣在原地。

随后的几个月，我们俩谁也不搭理谁，有时目光碰到一起，也都会马上避开。窗台上的海棠，叶片变成了黄褐色，看到它，我更觉得心情遭透了。

又过了一段时间，我们家要搬迁，妈妈到学校办理转学手续。同学们送来很多漂亮的名信片，在上面写下祝福的话。我悄悄地望了望蓝冰，见她一脸静如止水的神情，心里有种说不出的失落。我心里浮起丝丝愧疚，又不好意思主动跟她说话。当我清理完书桌将要离开时，蓝冰走了过来递给我一条粉红围巾，真诚地说：“这是我特意为你挑选的礼物，希望你喜欢，也请你原谅我无心的过错。”我激动得声音都发颤了：“啊……不不，应该是我向你道歉。”我们握着手相视而笑。

回到宿舍，我意外地发现海棠开花了。我托同学把海棠转交给蓝冰，再后来我们经常书信往来。我记得和她在一起的日子，记得她给我的温暖，这一段难忘而美好的记忆，在我心里永远都不会抹去。

情商 PK：**孩子、父亲、老师**
情商最高者：**老师**
情商值：**85**

我是重要的

文／克拉尔·西德鲁

一位在纽约任教的老师决定告诉她的学生，他们是如何重要，来表达对他们的赞许。

她决定采用我所提倡的一种作法，也就是将学生逐一叫到讲台上，然后告诉大家这位同学对整个班级和对她的重要性，再给每人一条蓝色缎带，上面以金色的字写着：“我是重要的。”

之后那位老师想做一个班上的研究计划，来看看这样的行动对一个社区会造成什么样的冲击。她给每个学生 3 个缎带别针，叫他们出去给别人相同的感谢仪式，然后观察所产生的结果，一个星期后回到班级报告。

班上一个男孩子到邻近的公司去找一位年轻的主管，因为他曾经指导男孩完成生活规划。

那个男孩子将一条蓝色缎带别在他的衬衫上，并且再多给了 2 个别针，接着解释，“我们正在做一项研究，我们必须出去把蓝色缎带送给感谢尊敬的人，再给你们多余的别针，让你们也能向别人进行相同的感谢仪式。下次请告诉我，这么做产生的效果。”

过了几天，这位年轻主管去看他的老板。从某些角度而言，他的老板是个易怒、不易相处的人，但极富才华。他向老板表示十分仰慕他的创作天分，老板听了十分惊讶。

这个年轻主管接着要求他接受蓝色缎带，并允许他帮他别上。一脸吃惊的老板

爽快地答应了。

那个年轻人将缎带别在老板的外套上，并将所剩的别针送给他，然后问他："您是否能帮我个忙？把这缎带也送给您所感谢的人。这是一个男孩子送我的，他正在进行一项研究。我们想让这个感谢的仪式延续下去，看看对大家会产生什么样的效果。"

那天晚上，那位老板回到家中，坐在14岁儿子的身旁，告诉他："今天发生了一件不可思议的事。在办公室的时候，有一个年轻的同事告诉我，他十分仰慕我的创造天分，还送我一条蓝色缎带。想想看，他认为我的创造天分如此值得尊敬，甚至将印有'我是重要的'的缎带别在我的夹克上，还多送我一个别针，让我能送给自己感谢尊敬的人。当我今晚开车回家时，就开始思索要把别针送给谁。我想到了你，你就是我要感谢的人。"

"这些日子以来，我回到家里并没有花许多精力来照顾你、陪你，我真是感到惭愧。有时我会因你的学习成绩不够好或者房间太过脏乱而对你大吼大叫。但今晚，我只想坐在这儿，让你知道你对我有多重要，除了你妈妈之外，你是我一生中最重要的人。好孩子，我爱你。"

他的孩子听了十分惊讶，开始呜咽，最后哭得无法自制，身体一直颤抖。他看着父亲，泪流满面地说："爸，我原本计划明天要自杀，我以为你根本不爱我，现在我想那已经没有必要了。"

情商分析

尊敬别人的人，同样会受到别人的尊敬。正像站在镜子前面一样，你怒他也怒，你笑他也笑。将爱传递下去，就会获得更多的爱。

情商借鉴 学会尊敬、爱护别人

情商 PK：**葛洛里、林肯**
情商最高者：**林肯**
情商值：**89**

批评与责备是无补于事的

文/卡耐基

1932年5月7日，纽约街头出现了一场触目惊心、史无前例的激烈枪战。双枪大盗葛洛里——一个烟酒不沾的杀人凶犯在经过数周的逃窜之后，终于在西米大道他女友的寓所里，遭到警方的围捕。

葛洛里落网之后，纽约市警局局长墨诺尼对外表示，葛洛里是纽约有史以来最凶恶、顽劣的一名人犯，“任何一点芝麻绿豆小事都可能引起他的残酷杀机。”

但这位双枪大盗葛洛里对自己的看法又是如何呢？当战火正激烈的时刻，他竟然还抽空写了封血迹斑斑的自白书，上面写着：“我心虽疲惫，却始终仁慈善良，从未蓄意伤害过任何人。”当葛洛里被判死刑，送上电椅的那一刹那，他依然说的是：“这太不公平了！我杀人完全是出于自卫啊！”

由此可知，双枪大盗葛洛里压根儿就不认为自己有罪，一点忏悔之意都没有。

如果说连这些恶行昭彰的犯人，都还一心文饰自己的过错，那么你我平常接触到的一些平凡人，又会有何种反应呢？

已故美国实业家约翰·华纳克曾说：“早在30年前，我就已经知道，苛责他人是件愚蠢至极的事。因为光是怨上帝没赐给我过人的智慧，使我必须独自奋斗，克服缺点，就已够我忙的了！”华纳克年纪轻轻，就已参透这层道理。

德军有一条军纪，明文规定遇到有不满的事情，绝对不准当场发作，一定得忍过一个晚上，待心情平静下来之后，再提出讨论。

我曾经花了十年时间研究林肯的一生，尤其是他对人际关系的处理原则。他年轻的时候曾热衷于批评人，经常撰文嘲弄他人，并散发给路人，引起当事者极度的憎恶。有一次因为做得过火，而引发了一件令他大彻大悟的事。

1842年，他撰文批评一位政客，此人不甘受辱，要求与林肯决斗。林肯骑虎难下，只好勉强答应，以维护荣誉。幸好双方友人从中劝阻，一场生死之争才在最后关头化解平息。

经过那次教训之后，林肯终于悟出为人处世之道，从此再也不嘲弄他人。

你是否想去改变某个朋友，使他在某

方面有所改进？很好！我绝对赞成！但何不先从改变自己开始呢？站在一个较自私的角度来看，改进自己，总比帮别人改进自己要划算得多，而且或许还能省下招人烦的怨气呢！

如果你我有心让某人仇恨一辈子，只要放开顾忌，毫不保留地予以严厉批评，保证可以奏效，哪怕你的批评完全正确，对方仍会恨你入骨。与人相交，定要切记人本身并不是一种逻辑、理性的动物，而是一种充满感情、偏见和虚荣的动物。

批评就像是个危险的火星塞，足可引爆人们心中的虚荣与自尊，甚至可置人于死地。天下再笨的人也懂得批评、咒骂、抱怨他人，而大部分会做这些事的人，都是笨人。倒是要学会体谅、宽容，只有品格高尚、能力甚强之人才有可能做到。

情商分析

严苛的批评是无益的，它只会迫使被批评者采取防卫的行动，使他刻意地为自己的行为寻找合理的解释。这种批评是危险的，因为它会直接伤害到一个人的自尊，引起他的反叛意识。

情商借鉴 适可而止的批评最有效

情商 PK：**怀特先生、年轻人**
情商最高者：**年轻人**
情商值：**98**

世上最昂贵的咖啡

文/小　直

怀特先生是一家知名企业的总经理。他虽然有着万贯家财，却从不肯多花一分一毫。简单来说吧，他十分吝啬。

在这个炎热的夏天，人们一天总有几个小时是在游泳馆中度过的。怀特先生也不例外，虽然那需要花钱。这家游泳馆是怀特先生经过千挑万选才选中的，因为这家游泳馆的座位是不收钱的，而且只用3美元就能买到一杯不错的咖啡。

这天和往常一样，怀特先生游了一会儿便拿着一份免费的报纸坐在事先订好的座位上，津津有味地看起来。他伸手去端咖啡，却什么也没摸着，抬起头一看，是邻座的一个年轻人拿去品尝了。他拍了拍那人的肩膀，说："对不起，先生，你端的那杯咖啡是我的。"年轻人愣了愣，立即耸耸肩说："我非常抱歉，先生。我以为这咖啡是游泳馆免费赠送的，所以，我就……"

怀特先生生气了，"那你也不能端起来就喝啊。你看怎么办吧？"

年轻人笑了笑，"我给您这杯咖啡的钱，行吗？啊哈，我看到价格表上咖啡是……是3美元！"说完，年轻人从放在一边的背包里掏出了3枚硬币，放在桌上。见怀特先生没有反对的意思，年轻人便放下背包，又去游泳了。

怀特先生叹了口气，拿起了那3美元，准备再去买一杯咖啡，可怀特先生一不留神，手中的一枚硬币不小心掉到了游泳池的循环水道里。今天可真是倒霉，他想。怀特先生俯下身，发现硬币并没有被冲走，而是在铁栏杆的中间。虽然这些铁栏杆之间的缝隙很小，但偏偏硬币掉的那个地方的栏杆坏了一些，刚好够一只手的宽度。怀特先生跪在地上，将手勉强伸进循环水道，想捡出硬币。这时，一股强大的循环水流冲来，把硬币带走了。怀特先生很失望，便想把手抽出来，却发现自己的手被夹住了，怎么也弄不出来。最后，急出一身汗的怀特先生只好大声呼救。

10分钟后，循环水道维修公司才把怀特先生的手弄出来。他不得不为此付了100美元给维修公司。怀特先生闷闷不乐地回到家里，对今天的事耿耿于怀。

我得把白白丢失的钱赚回来！他对自己说。

原以为这件事就这么过去了，没想到，几天后怀特先生却接到了法庭的传单——他被那家游泳馆告上了法庭。

"游泳馆为什么要告我？我又没有什么罪！"怀特先生大声喊叫着。

但是到了法庭上，无论怀特先生怎么打断自己的律师而拼命申辩，法庭仍旧以他影响游泳馆正常经营的“罪名”判他有罪。他需要付5万美元赔偿金给游泳馆，作为游泳馆生意受到影响而损失的收益，并且双方的官司费用——每方1 200美元也由他支付。听到判决结果，怀特先生惊讶地张大嘴巴，说不出话来。

怀特先生拖着疲倦的身体回到家，一眼就看见律师事务所的账单放在办公桌上。

“天啊，我没想过请个律师，而且他都没说几句话，费用就需要1万美元！”他简直不敢相信。

现在，让我们瞧瞧怀特先生因为这杯咖啡而付了多少钱：一杯咖啡（3美元）+维修费（100美元）+给游泳馆的赔偿金（50 000美元）+诉讼费（2 400美元）+律师费（10 000美元）=62 503美元。当然了，按照怀特先生的习惯，要减去他从那个年轻人那儿得到的3美元，就是62 500美元。不过因为被水冲走了1美元，自然要加上。

也就是说，怀特先生喝了一杯最昂贵的咖啡，价值62 501美元。

情商分析 怀特先生因为自己的小人之心而损失了一大笔财富，这看上去就像是个黑色幽默笑话一样。想要活得潇洒自如，就应该尝试放开胸怀，体会人与人之间互助互利的温暖，而不是只想着自己失去了什么，否则只会让自己失去更多。

俗话说“宰相肚里能撑船”，要想活得开心，就要有容忍之心 **情商借鉴**

情商 PK：**指挥官、炊事员**
情商最高者：**炊事员**
情商值：**95**

走出心中的沙漠

文/途 琯

这是一场惨烈的战争，几乎所有的士兵都丧命于敌人的刀剑之下。

命运将两个地位悬殊的人聚到了一起：一个是年轻的指挥官，一个是年老的炊事员。

他们在奔逃中相遇。两个人不约而同地选择了相同的路径——沙漠。追兵止于沙漠的边缘，因为他们不相信有人会从那儿活着出去。

“请带上我吧，丰富的阅历教会了我如何在沙漠中辨认方向，我会对你有用的。”老人哀求道。指挥官麻木地下了马，他认为自己已经没有了求生的资格。他望着老人花白的双鬓，心里不禁一颤：由于我的无能，几万个鲜活的生命从这个世界上消失，我有责任保护这最后一个士兵。他扶老人上了战马。

到处是金色的沙丘。在这茫茫的沙海中，没有一个标志性的东西，使人很难辨认方向。“跟我走吧。”老人果敢地说。指挥官跟在他的后面。灼热的阳光将沙子烤得如炙热的煤炭一样，他们的喉咙干得几乎要冒烟了。他们没有水，也没有食物。老人说：“把马杀了吧！”年轻人怔了怔，唉，要想活着也只能如此了。他取下腰间的军刀……

“现在，马没了，就请你背我走吧！”年轻人又一怔，心想，你有手有脚，为什么要人背着走，这要求着实有点过分。但长期以来，他都处在深深的自责之中，老人此时要在沙漠中逃生，也完全是因为他的不称职。他此刻唯一的信念就是让老人活下去，以弥补自己的罪过。他们就这样一步一步地前行，在大漠上留下了一串深陷且绵延的脚印。

一天，两天……十天。茫茫的沙漠好像无边无际，到处是灼烧的沙砾，满眼是弯曲的线条。白天，年轻人是一匹任劳任怨的骆驼；晚上，他又成了最体贴周到的仆人。然而，老人的要求却越来越多，越来越过分。他会将两人每天一起吃的食物吃掉一大半，会将每天定量的马血喝掉好几口。年轻人从没有怨言，他只希望老人能活着走出沙漠。

他俩越来越虚弱。直到有一天，老人奄奄一息了，“你走吧，别管我了。”老人说，“我不行了，还是你自己去逃生吧。”

“不，我已经没有了生的勇气，即使活着我也不会得到别人的宽恕。”

一丝苦笑浮上了老人的面容。“说实

话，这些天来难道你就没有感到我在刁难、拖累你吗？我真没想到，你的心可以包容下这些不平等的待遇。”

“我想让你活着，你让我想起了我的父亲。”年轻人痛苦地说。老人解下了身上的一个布包，“拿去吧，里面有水，也有吃的，还有指南针。你朝东再走一天，就可以走出沙漠了。我们在这里的时间实在太长了……”老人闭上了眼睛。

“你醒醒，我不会丢下你的，我要背你出去。”老人勉强睁开眼睛，“唉，难道你真的认为沙漠这么漫无边际吗？其实，只要走三天，就可以出去，我只是带你走了一个圆圈而已。我亲眼看着我两个儿子死在敌人的刀下，他们的血染红了我眼前的世界，这全是因为你。我曾想与你同归于尽，一起耗死在这无边的沙漠里，然而你却用胸怀融化了我内心的仇恨，我已经被你的宽容大度所征服。只有能宽容别人的人才配受到他人的宽容。”老人永久地闭上了眼睛。

指挥官震惊地矗立在那儿，仿佛又经历了一场战争，一场人生的战斗。他得到了一位父亲的宽容。此时他才明白武力征服的只是人的躯体，只有靠爱和宽容大度才能赢得人心。

他放平老人的身体，怀着宽容之心，向希望走去。

情商分析 宽容能使自己保持一种恬淡、安静的心态。生活不可能总是春光明媚，花香四溢，天色常蓝，事事如愿。生活有如梦如幻的精彩，也有很多无奈。因而要成为一个生活的强者，就应豁达大度，笑对人生。

情商借鉴 有时一个微笑、一句幽默，就能化解人与人之间的怨恨和矛盾

情商 PK：**介绍工作的同学、赵小宁**
情商最高者：**赵小宁**
情商值：**100**

滴水之恩

文/甘银美

美国人乔治为妻子的怪病跑遍了全世界，却是久治不愈。十四年前，他听说中国的中医专治疑难杂症，于是便带着妻子来到中国看病。乔治为给妻子看病，几乎花光了全部的家当，但既然来到中国，怎么也得请一个翻译。那时正值暑假，乔治通过关系在北京外国语学院请了学生赵小宁。

赵小宁是来自宁夏地区的一个贫困生，母亲多年重病，他巴不得找个差事能挣点钱。有外国人找他，真是幸运。谁想乔治却因为没有钱，把雇用赵小宁的费用压得很低。贫困中的赵小宁挣一分钱都是好的，自然接受了这份有些委屈的差事。

乔治带着病中的妻子奔波于北京，每天都很辛苦。赵小宁不但要为他们做翻译，还要替他们挂号、拿药、排队、跑路，做一切琐碎的事。乔治不仅是雇了一个廉价的翻译，同时还是雇了一个勤杂工——真是一举两得。

都说美国人有钱，但身为美国人的乔治却没有给赵小宁这个印象——出门如果不是特别需要，乔治通常都是挤公共汽车。几天下来，赵小宁就看出这个美国人其实没有钱。对此，乔治很不好意思。

谁想，赵小宁刚刚给乔治和他妻子做了几天翻译，一位同学便带着一个外国人风风火火地来找他。原来一个加拿大公司来北京谈生意，由于谈判项目增多，急需找两名翻译，报酬相当丰厚。同学让赵小宁赶紧辞掉乔治的事。

乔治通过加拿大人和赵小宁的对话，知道了事情的大意，他只希望赵小宁在走之前能尽快再给他找一名中国翻译，哪怕只是会最简单的交谈。

赵小宁抬头看着乔治，又看看他病中的妻子，半天都没有说话。最后，赵小宁回绝了同学和加拿大人的请求。他说他现在已经熟悉了乔治妻子的病情，如果换其他人，在与大夫的交流中，会对乔治妻子的病不利。急需用钱的赵小宁谢绝了同学，留了下来。乔治强忍住眼里的泪花，什么也没有说。

暑假过后，赵小宁回到学校，乔治与他的妻子离开中国。第二年，乔治的妻子离开了人世。乔治重新去照料他几乎倒闭的企业。

三年过后，赵小宁大学毕业，奔波于找工作的艰辛中。两个月过去了，班上的同学只有三分之一的人有着落。赵小宁与没有去处的同学终日惶惶，两眼茫然。就在这时，从美国飞来一封信，是乔治先生的。他说赵小宁的善良与为人深深打动了他，三年来他念念不忘。如今他的公司很快就要到中国办厂，需要一名中国方面的代理人，问赵小宁愿不愿意与他合作，报酬是每月八万美金。

赵小宁万万没有想到，在他最困难、走投无路的时候，会从大洋彼岸的美国飞来如此幸运的请求，这真是雪中送炭，算得上是人生红运了。

而这一切，仅仅是因为几年前他做了一点与人为善的事，仅仅是付出了一点小小的牺牲。但上苍却为他带来了莫大的福音，简直就是滴水之恩，涌泉相报。

情商分析 赵小宁的负责和认真打动了外国人乔治，才使自己机缘巧合下获得了一次难得的机会，如果要说这是赵小宁的运气，倒不如承认上帝是多么公平地存在，只要有付出，就一定会有所回报。

人与人之间的和谐往往基于一些细枝末节，滴水之恩最终都会获得涌泉相报 **情商借鉴**

情商PK：**提琴家、小偷少年、生病女孩**
情商最高者：**生病女孩**
情商值：**100**

让我们重树生命的信念

文/伊 莱

每天黄昏的时候，我都会带着小提琴去尤莉金斯湖畔的公园散步，然后在夕阳中拉一曲《圣母颂》，或者在迷蒙的暮霭里奏响《泰绮斯冥想曲》。我喜欢在那悠扬婉转的旋律中编织自己美丽的梦想。小提琴让我忘掉世俗的烦恼，把我带入一种田园诗般纯净恬淡的生活中去。

那天中午，我驾车回到离尤莉金斯湖不远的花园别墅。刚刚进客厅门，我就听见楼上的卧室里有轻微的响声。那种响声我太熟悉了，是那把阿马提小提琴发出的声音。“有小偷！”我一个箭步冲上楼。果然不出我所料，一个大约十二岁的少年正在那里抚摸我的小提琴。那个少年头发蓬乱，脸庞瘦削，不合身的外套鼓鼓囊囊，里面好像塞了某些东西。我一眼瞥见自己放在床头的一双新皮鞋失踪了，看来他是个小偷。我用结实的身躯堵住了少年逃跑的路。这时，我看见他的眼里充满了惶恐和绝望。就在刹那间，我突然想起了记忆中那块青色的墓碑，我愤怒的表情顿时被微笑所代替。我问道：“你是拉姆斯敦先生的外甥鲁本吗？我是他的管家，前两天我听拉姆斯敦先生说他有一个住在乡下的外甥要来，一定是你了，你和他长得真像啊！”

听见我的话，少年先是一愣，但很快就接腔说：“我舅舅出门了吗？我想我还是先出去转转，待会儿再来看他吧。”我点点头，然后对那位正准备将小提琴放下的少年说：“你很喜欢拉小提琴？”“是的，但我很穷，买不起。”少年回答。“那我将这把小提琴送给你吧。”我语气平缓地说。少年似乎不相信小提琴是一位管家的。他疑惑地看了我一眼，但还是拿起了小提琴。临出客厅时，他突然看见墙上挂着一张我在悉尼大剧院演出的巨幅彩照，于是浑身不由自主地战栗了一下，然后头也不回地跑远了。我确信那位少年已明白是怎么回事，因为没有哪位主人会用管家的照片来装饰客厅。

那天黄昏，我破例没有去尤莉金斯湖畔的公园散步。妻子下班回来后发现了这一反常现象，忍不住问道：“你心爱的小提琴坏了吗？”“哦，没有，我把它送人了。”“送人？怎么可能！你把它当成了你生命中不可缺少的一部分。”“亲爱的，你说的没错。但如果它能够拯救一个迷途的灵魂，我情愿这样做。”看见妻子并不明白我说的话，我就将当天中午的遭遇告诉了她，然后问道：“你愿意再听我讲述一个故事吗？”妻子迷惑不解地点了点头。“当我还是一个少年的时候，我整天和一帮坏小子混在一起。有一天下午，我从一棵大树上翻身爬进一幢公寓的人家。因为我亲眼看见这户人家的主人驾车出去了，这对我来说正是偷盗的好时机。然而，当我潜入卧室时，我突然发现有一个和我年纪相当的女孩半躺在床上，我一下子怔在那里。那个女孩看见我，起先非常惊恐，但她很快就镇定下来。她微笑着问我：‘你是找五楼的麦克劳德先生吗？’我一时不知说什么好，只好机械地点头。‘这是四楼，你走错了。’女孩的笑容甜甜的。我正要趁机溜出门，那个女孩又说：‘你能陪我坐一会儿吗？我病了，每天躺在床上非常寂寞，我很想有个人跟我聊聊天。’我鬼使神差地坐了下来。那天下午，我和那个女孩聊得非常开心。最后，在我准备告辞时，她给我拉了一首小提琴曲。看见我非常喜欢听，她又索性将那把阿马提小提琴送给了我。就在我怀着复杂的心情走出公寓，无意中回头看时，我发现那幢公寓楼竟然只有四层，根本就不存在所谓的居住在五楼的麦克劳德先生！”

三年后，在墨尔本市高中生的一次音乐竞技中，我应邀担任决赛评委。最后，一个叫梅里特的小提琴选手凭借雄厚的实力夺得了第一名！评判时，我一直觉得梅里特似曾相识，但又想不起在哪里见过。颁奖大会结束后，梅里特拿着一只小提琴匣子跑到我的面前：“布里奇斯先生，您还认识我吗？”我摇摇头。“您曾经送给我一把小提琴，我一直珍藏着，直到有了今天！”

梅里特含泪打开琴匣。我一眼瞥见自己的那把阿马提小提琴正静静地躺在里面。梅里特走上前紧紧地搂住了我。三年前的那一幕顿时重现在我的眼前，原来他就是“拉姆斯敦先生的外甥鲁本”！我的眼睛湿润了，仿佛又听见那个女孩凄美的小提琴曲，但她永远都不会意识到，她的纯真和善良曾经是怎样震颤了两个迷途少年的心弦，让他们重树生命的信念！

情商分析 生活中，能得到别人宽容的人是幸福的，能宽容别人的人是高尚的。宽容了别人，等于善待了自己。它能使自己的生活变得轻松快乐。

情商借鉴 人的一生中最需要学会的便是宽容别人

情商 PK：**乐将军、秦西巴、孟孙**
情商最高者：**秦西巴**
情商值：**95**

拥有一颗柔软的心

文/跃 然

春秋时，乐羊被魏文侯任命为将军，领兵攻打中山国。攻城正急之时，忽然城头上悬挂起一个人，守城的士兵喊道："乐将军，你看看这是谁？如果你不退兵，我们就煮了他做肉羹。"

乐羊抬头一看，那个被悬挂的人，正是他曾经在中山国做官的儿子乐舒。进攻停止了，整个世界在那一刻都安静下来了，人们把目光都投向了这个魏军统帅。不料乐将军十分淡定，大声说："好啊，做好了肉羹别忘了给我一杯啊！"

中山人够狠，把人家儿子当作人体盾牌，而乐将军更狠，不仅不救他的儿子，反而要求分一杯羹。中山人索性狠到底，真的把乐舒煮了，然后把一杯肉羹端到了乐羊的面前。更让人想不到的是，乐将军从容地端起杯，把肉羹一点不剩地全吃了。

中山人害怕了，面对"没有最狠，只有更狠"，他们知道遇到的是一个心如铁石的将军，无奈之下，只得选择了投降。

乐羊得胜回国，魏文侯赞叹说："乐羊为了我，竟然吃了儿子的肉，真是忠臣啊！"这时，一个人小声在他耳边说："他连自己的儿子都敢吃，还有谁不敢吃呢？"魏文侯的心一颤，脸上的笑容立刻僵住了。

于是，魏文侯给乐羊加官晋爵，戴高帽子，赐金钱美女，良田美宅，却再也不敢把兵权交给他。

鲁国的王族孟孙喜欢打猎。有一天他外出狩猎手气很顺，时间不长便捉到一只小鹿。他很高兴，虽然吃喝对他算不上什么事，但若是自己亲手捕获的猎物还是觉得格外美味。他吩咐臣子秦西巴把小鹿送回家，准备好好打一打牙祭。

秦西巴牵着小鹿往回走，感觉后边有些动静，他回头一看，一只母鹿远远地跟在他的后边。他想，那一定是小鹿的妈妈吧，便停下了脚步。母鹿悲伤地鸣叫着，眼里噙满了泪水。秦西巴看着这对可怜的母子，内心涌起一股柔软的情感，忍不住解开了手里的绳索。小鹿欢快地向母亲跑去，母子俩很快就消失在林海里。秦西巴如释重负，心里轻松了许多。

到了晚上，孟孙回到王宫，巴望着后厨早点端上鹿肉来。可左等也不来，右等也不来，一问才知道秦西巴把鹿放了，哪儿还有什么鹿肉呢？他不由得大怒，立刻将秦西巴开除，让他卷铺盖走人。

过了一年，孟孙要给自己的儿子请老师，谁也想不到，他请到的老师居然是曾经被他开除的秦西巴。身边的人怎么也想不明白是怎么回事，便问他："去年秦西巴曾因私放猎物而得罪了您，现在为什么又请他做公子的老师呢？"

孟孙笑着回答："秦西巴对一只小鹿都能施以仁爱之心，何况是对人呢？"

乐羊因为战功而被怀疑，秦西巴却因为有罪反而被更加信任，是什么让他们得而又失，失而又得呢？当年老子看着掉在地上依然坚硬的牙齿，又摸了摸依然健在的柔软的舌头，感慨地说："柔弱胜刚强啊！"

的确如此，真正的力量常常不在强硬而在柔软之中。有时候，一颗柔软的心，恰恰是打开这个坚硬世界的唯一钥匙。因为有过失败的经历，所以你在日后的工作中才能更加认真，失败是一种教训，但也同样是一笔财富……

情商分析

潜在的力量往往能起到决定性的作用。一叶小舟停在岸边，你可能会觉得它不如快艇豪华，不如潜艇坚固，但当洪水来临时，它确实是最便捷的逃难工具。就像生活中的很多事情一样，看起最容易忽视的力量往往会在关键时候起到作用。

情商借鉴

柔软未必不能战胜刚硬

情商 PK：**杀人犯、摊主**
情商最高者：**摊主**
情商值：98

一个橘子唤醒逃犯

文/薇 薇

一个杀人逃犯逃窜了整整一年，来到小镇时，他已经浑身肮脏，衣衫褴褛。饥渴难耐的逃犯在一个水果摊前久久不想离开，水果摊上的橘子深深地诱惑着他。但是他已经用完了身上所有的钱，他不知道该怎么办：是乞讨还是抢劫？逃犯慢慢把手伸向身上携带的尖刀。

就在这时，一个又大又圆的橘子忽然出现在心神不定的逃犯面前，他感到有些意外，握刀的手不由自主地松开了。原来摊主已经注意逃犯很久了，猜测他是想吃橘子而没有钱，于是拿起一个橘子递给他，说："你吃吧，不要钱的。"逃犯犹豫了一下，还是接过橘子大口吃了起来。而后，他什么也没说就离开了。

三天之后，逃犯又来到那个水果摊。这次还没等他开口，摊主就拿起几个橘子塞给他，逃犯欲言又止。同上次一样，他吃过橘子又匆匆离开了。晚上摊主准备收摊回家时，发现水果边放着一份或许是顾客遗忘在那里的报纸，展开一看，顿时被惊呆了。原来上面大篇幅刊登了一个逃犯的通缉令，悬赏三万元给提供线索者，而上面的照片居然酷似刚才他施舍橘子的那个人。摊主犹豫了，如果报警，也许就意味着那个令人同情的乞丐将永远从世界上消失了。但是理智最终战胜了怜悯，摊主拨通了警察局的电话。

警察连续几天埋伏在小摊的周围。三

天之后，逃犯果然又出现了，这次他的打扮与照片上一模一样。不过，他看上去似乎觉察到了什么，没有进入警察的包围圈，只是站在那里仔细扫视着四周。摊主与警察们紧张地注视着逃犯的一举一动，心都提到了嗓子眼。因为街上人来人往，一旦逃犯发觉警察的存在，很快就会消失在茫茫人海中。而且他身上可能还带着刀，随时可以挟持人质，后果不堪设想。

终于，立了许久的逃犯有了行动。但出人意料的是，他缓缓掏出身上所带的尖刀，扔在了地上，随即举起双手，坦然走进了警察的埋伏圈。

警察蜂拥而上，没费吹灰之力，便把逃犯制服。已经戴上手铐的逃犯忽然说：“请等一等，让我与水果摊老板说句话。”警察有些迟疑，逃犯继续说：“我身上没有任何武器。”

在警察的陪伴下，逃犯来到惊魂未定的摊主面前，他小声地说：“那张报纸是我放在那里的。”然后，逃犯挂着满足的微笑走上了警车。

摊主连忙找到那份报纸，发现反面写着几行小字：

我已经厌倦了东躲西藏的流亡生涯，谢谢你的橘子，当我为选择怎样结束自己的生命而犹豫不决时，是你的善良感动了我。举报的酬劳三万块钱就算是我的报答，我为我能帮助你而感到快乐……

情商分析 每个人都是善良的，不是因为没有恶念，而是因为很多善良的愿望被尘封在心底，不为人知。阻止恶念的形成也许很复杂，但是给一个人找一个拂去尘埃、回归善良的理由却常常很简单，仅仅是在一个人需要的时候给予帮助，哪怕是一个橘子、一口开水、一个眼神……

情商借鉴 你永远不知道一个小小的善行会带来什么样的影响

情商测试

QINGSHANG CESHI

你平时主要用何种感知力来感受世界？哪种形式的信息对你来说更容易接受？凭你的感觉回答问题，走向最后的答案。

测试你的感知能力

1. 你愿意从丰富的实际体验中学习新知识。

A. 是的——5　　B. 不是——2

2. 你会为了一本杂志的封面图片看起来不错，而即兴购买，完全不考虑其中的内容。

A. 是的——3　　B. 不是——4

3. 工作中，你习惯将一些重点记录下来，以便你更清晰地整理思路和方向。

A. 是的——7　　B. 不是——6

4. 你可以迅速地用身边的纸张折叠出飞机等其他小玩意儿。

A. 是的——6　　B. 不是——5

5. 你认为图表上的文字解释说明很重要，如果解释不清楚，你很难直接从图表中明白意思 。

A. 是的——8　　B. 不是——7

6. 如果身边的物品损坏，需要小修小补，你都可以自己完成。

A. 是的——9　　B. 不是——8

7. 你可以把很多复杂的东西转换成图表说明，而且你对这种工作很擅长。

A. 是的——10　　B. 不是——9

8. 突然窗外传来一阵声音，你能迅速地判断出声音来源的方向。

A. 是的——11　　B. 不是——12

9. 你在开会的时候，很愿意做会议笔录，而且还会做得非常详细。

A. 是的——12　　B. 不是——13

10. 来到陌生的地方，不用问路，你完全可以按照地图上的标识找到目的地。

A. 是的——14　　B. 不是——15

11. 你认为听故事比自己看书读故事印象要深刻得多。

A. 是的——13　　B. 不是——14

12. 你在开会或和别人谈话的时候，会不经意地把玩手中的笔或其他摆件。

A. 是的——15　　B. 不是——16

13. 你更愿意口头表达你的意见而非写文件传达。

A. 是的——18　　B. 不是——16

14. 你每周看书读报的时间超过看电视或听收音机的时间。

A. 是的——16　　B. 不是——18

15. 你有边看电视、电影边吃零食的习惯。

A. 是的——17　　B. 不是——19

16. 如果有人跟你介绍一种你没见过的动物，但是通过描述，你可以在脑海里形成这种动物的大概图像。

A. 是的——19　　B. 不是——21

17. 你喜欢用手指着文字来读书、读报。

A. 是的——20　　B. 不是——21

18. 你愿意看图像教程而不愿意去自己读参考书。

A. 是的——21　　B. 不是——19

19. 你喜欢读侦探小说或玩猜谜游戏。

A. 是的——22　　B. 不是——20

20. 你喜欢在写字的时候转动手里的笔。

A. 是的——23　　B. 不是——21

21. 对于同一篇新闻报道，你听别人讲要比自己从报纸上读记忆更深刻些。

A. 是的——24　　B. 不是——23

22. 对于你感兴趣的新闻，你会去找相关的资料来了解额外的信息。

A. 是的——A　　B. 不是——23

23. 你喜欢用拥抱和握手等身体接触的语言来表示友好。

A. 是的——B　　B. 不是——24

24. 电视广告中的音乐比画面更能引起你的注意。

A. 是的——C　　B. 不是——22

测试结果

A. 视觉型认知的人

你是相信“眼见为实”的人，你的视觉神经是你获取外界信息的最重要途径。与周围的人说话时你希望能看到对方的样子和动作，从对方的表情和肢体语言中分析话语的可信度。因为你相信视觉的力量，并通过视觉来评断是非，所以你本身就很注意自己给他人的印象。你外形良好，做事情直奔主题。因为你有良好的联想能力，记忆上有特殊的才能，但是有时候想象力太好，难免在描述事件的过程中加入自己主观的东西，让别人对你产生误解。

B. 触觉型认知的人

你属于后知后觉、反应比较慢的那种人，对待周围的事情都极其用心。你不相信过于华丽的外表和浮夸的语言，认为那些都是假象，你愿意用心体会你感受到的实际价值。因为你的这种“慢热型”接受外在世界的方法，让你看起来不够积极，有时候沉默寡言，给人以固执和难以接近的印象。

C. 听觉型认知的人

你的听力发达，善于模仿，同时你也具有相当好的口才和社交能力。吸收知识的方法亦是通过听力，就算不看对方的表情，也一样能听出大意。听觉型思维的人不但自己愿意与人交流，而且也愿意做一个很好的倾听者，借此了解外界的信息。这种人给人印象相对很好，条理清楚，逻辑性强，但如果遇到触觉思维的人，恐怕对方会认为你太浮躁。

第五章 能帮你的只有自己

有志者事竟成，破釜沉舟，百二秦关终属楚；苦心人天不负，卧薪尝胆，三千越甲可吞吴。人生总会遇到逆境，遇到任何外力都无法帮到自己的情况，一个坚毅的人，总是能够从内心深处找动力，利用情绪信息，整顿情绪，增强注意力，调动自己的精力和活力，适应性地确立目标，创造性地实现目标。面对困难能够一点一滴地从事自己的工作，坚定自己的信念，而不是抱着“干得了就干，干不了就算了”的心态——最终一定会成为笑到最后的那个人。

情商 PK: **南派三叔**
情商最高者: **南派三叔**
情商值: 92

把自己逼上绝路

文/周 礼

他如所有心怀梦想的年轻人一样，对未来充满了美好的憧憬。大学毕业后，他进了一家外贸公司，做了一名高级职员。这在别人看来是一份相当不错的工作，收入高，体面，也没有太大的压力。对于这份工作，他自己也十分满意。本打算就这么一直干下去，每天按时上班、下班，到了月末领薪水，再奋斗几年，混个部门经理，然后买房、买车、成家、生儿育女，一切按部就班。

然而，天有不测风云，他美好的愿望随着一场金融风暴的到来而烟消云散。2006 年，美国及西方一些发达国家的经济走向衰退，国际贸易业受到很大的冲击，他所在的公司也难逃厄运，订单开始大幅度减少。公司为了生存和发展，只能裁员。他作为公司的一个新人，既无社会背景，也没有什么突出贡献，自然被列入了第一批被裁人员的名单。

失去了安稳的工作，他感觉自己的天空仿佛一下子坍塌了。接下来，他开始四处找工作，不幸的是，所到之处不是别人看不上他，就是他瞧不上别人。忙活了好一阵子，工作依然没有着落，而他身上的钱也用得差不多了，再这样下去，他很可能会流落街头。那段时间，他郁闷到了极点，一边继续寻找工作，一边在网上写小说，以此排解心中的苦闷。

儿时，他最喜欢听爷爷、奶奶讲故事，而他们所讲的大部分是鬼故事。他天生胆小，最怕妖魔鬼怪，尽管每次他都被吓得哇哇直叫，却仍旧无法抗拒那些故事的诱惑，于是经常缠着爷爷、奶奶给他讲故事。渐渐地，他喜欢上了鬼故事，尤其是盗墓题材的故事。儿时的记忆唤起了他心中的梦想，他作出了一个大胆的决定——坐在家里写网络小说。一方面让那些鬼故事给活得不太轻松的人们带来一丝快乐的刺激，另一方面也可以换取一些稿酬，以维持生计。

他的这个决定无疑是将自己逼上了绝路。他既没有写作的经验，也没有这方面的爱好，大学学的又是电子商务和网络编程，跟文学一点都不沾边。一个门外汉想

吃文学这碗饭，简直就是天方夜谭，弄不好就把自己大好的青春耽搁了。面对重重压力，他没有退缩，而是认真地准备着相关的资料，计划写一部灵异探险类盗墓小说，取名为《盗墓笔记》。

没想到“有心栽花花不开，无心插柳柳成荫”。这部小说刚刚在网上连载，就引起了巨大的轰动。网友赞不绝口，好评如潮。接着，出版人、制片人、编剧纷至沓来。一夜之间，他红遍了大江南北，其作品被加印了一次又一次。

他就是南派三叔徐磊。他以 1 580 万元的版税收入，荣登作家富豪榜第二位，成为中国当代炙手可热的作家。

南派三叔的成功经历告诉我们：不要惧怕困境。虽然困境会让人产生压力，但是对于人而言，艰难和地狱背后，或许就是天堂。

情商分析

困境就是最好的老师，它能教会人生存，使人的脊梁比一般人要硬。只有将自己逼上绝路，你才会全力以赴，从中找到新的出路。

情商借鉴

别害怕困境，只管去做，总能获得自己想要的成功

情商 PK：**孙楠、朱军、成龙、张艺谋、方文山**
情商最高者：**不分伯仲**
情商值：**95**

谁没有熬过

文/杨海亮

初中毕业后，他开始自谋生路。第一份工作是做建筑工，人家盖房子，他打下手——搬砖。因为年纪太小，这份工作只坚持了 3 天，挣了不到 3 元。之后，他学过焊工，但师傅认为他不开窍，又让他去了木工房，后来又做过电工、服务员、油漆工等，短短两年尝试了 11 个工种，还考到了司炉证。经历了种种磨炼后，他进入了大连市百花艺术团，踏入演艺圈，终于以一首《你快回来》唱红大江南北。

当时，还在兰州工作的他，有了“进军”央视的愿望。进而，他从地下室开始了一个人的“北漂”生活。他在央视门前磨了 4 天，结果连大门都没进去。他住在一间阴暗的地下室里，每天面对着一个 18 寸的黑白电视，那个电视雪花飞舞，需要他不断敲击才能出现图像。电视没有遥控器，也没有开关，他就用一根竹竿代替遥控器。为了不错过跟心仪的主持人神会，他还经常饥肠辘辘地守着电视。实在饿得头晕眼花了，他才走出地下室买一包方便面用开水泡了充饥。

他的演艺之路是从一个默默无闻的童星做起的。大约 6 岁的时候，父亲把他“卖”到了戏剧学校，从那以后他就开始跟着师傅学京剧。最初，他只能演死人，而且因为死人也演不好，常常被导演痛骂。后来，他细心琢磨，屡次尝试，终于成了“死”得最好的人。为了引起圈里一位有名的武行指导的注意，他主动帮人家擦车，每个缝隙都用牙签挑干净。见他老实、勤快，那位武行指导才愿意每天都让他去片场。最终，他成了这位武行指导身边的红人。

那一年，21 岁的他在陕西咸阳第八棉纺织厂当普通的操车工，主要是搬运原料，还经常“掏地洞”，就是清理堆积的棉花杂质，出来后，他三层口罩后面的脸仍是黑的。工作又脏又累，他却干得很卖力。进厂不久，他迷上了摄影，当时的工资是每月 30 元，他一毛一毛地积攒，不买衣服，不买烟酒，不买自行车，唯独买了一架“海鸥”牌照相机。那时，他最大的愿望就是能到厂工会当一名以工代干的宣传干事。没想到，他用那架照相机拍出了很多不错的作品，拍开了北京电影学院的大门。如今，他已成为中国知名度最高的导演，名声显赫。

8 年前的他是一个防盗系统安装工程师，其实跟水电工差不多。他一边干活一边写词，半年积累了 200 多首歌词。他选出 100 多首装订成册，寄了 100 份到各大唱片公司。按他的想法，除掉柜台小妹、制作助理、宣传人员的莫名其妙，减半再减半地选择性传递，只有 12 份会被制作人看到，而最后能被联络的几率只有 1%。恰恰是这个 1% 带来的机缘为他未来的 100% 埋下了精彩可贵的伏笔。从《双节棍》到《菊花台》，他为歌手周杰伦量身打造的歌词几乎篇篇都是精品，篇篇令人叫绝。这位才华横溢的“鬼才”被认为是当今歌坛中难以撼动的“指标性人物”。

可能你已经猜到他们是谁了，一个是歌手孙楠，一个是主持人朱军，一个是演员成龙，一个是导演张艺谋，一个是词人方文山，他们都在自己所属的领域占有别人不敢觊觎的位置，可他们没有一个不是熬出来的。

其实，除了极少数的天才，别的稍有成就的人都熬过，都是一天一天熬出来的。没有谁可以一蹴而就，没有人可以一夜成名，都得靠努力，靠实力，靠汗水，靠泪水。如果你也有梦想，也同样有耐心，有意志，也许不一定出人头地，闻名遐迩，但一定可以改变，一定比过去更精彩。

情商分析 有人因为家境差而自卑，有人因为学业差而失去信心，也有人因为长相不如他人而自暴自弃……现实中，因为这些外在因素而不敢面对生活的人，往往很难取得成功，并不是因为他们真的在外在条件上不如他人，而是因为他们将外在的缺陷当作致命的弱点，所以才无法成功。

情商 PK：**约束亚·杰克逊、于智博**
情商最高者：**约束亚·杰克逊**
情商值：**90**

蜗牛的天空

文/朱迎兵

于智博来到米歇尔小镇实属无奈，16岁的他在中国的高考中落榜了。父母为了让他能读上大学，给他在米歇尔高中毕业班办理了入学手续。

到学校没几天，于智博便发现自己原有的英语底子远远不能适应学习、生活的要求。不用说上课时与老师、同学讨论了，连同房东交流都有困难。

高考失利的阴霾盘踞在心中还没有散尽，加之环境生疏、语言不通，于智博消沉得像一块铁。他整天沉默寡言，难得一笑。

约束亚·杰克逊老师教他们物理，他40多岁，精明干练，谈吐幽默，深得同学们的爱戴。一天上物理课，杰克逊老师在课堂上提问于智博，他没有听清问题，胡乱答了一气，同学们听了哄堂大笑。于智博羞愧难当，下课后他冲出教室，跑到学校附近的一片小树林里。他扑倒在草地上，泪水爬满了他的脸颊。

不知什么时候，杰克逊老师坐到了他的身边。他看到于智博肩头耸动，便抚摸着他的头。于智博看到杰克逊老师，停止了哭泣。杰克逊老师把他拉坐起来。这时，于智博看到他们脚边有一只蜗牛，正吃力地慢慢爬行。

杰克逊老师问："你知道蜗牛要到哪里去吗？"

于智博摇了摇头，杰克逊指着蜗牛的前方说："你看那里。"前方是一座山，高耸入云。

杰克逊老师接着说："我想，蜗牛是要到山顶上去，因为有句谚语说：'能够到达金字塔顶端的有两种动物——雄鹰和蜗牛。'蜗牛也喜欢登上高处啊！我相信只要它努力，最终会爬上山顶。在那里，它所看到的景色和雄鹰是一样的。"

一番话，让于智博若有所思，他抬起头，看到了杰克逊老师期盼的目光。

从第二天开始，于智博积极跟老师、

同学交流，模仿他们讲话时的口吻和语气。即便没有人的时候，他也听录音并大声模仿。两个月以后，他基本掌握了美式英语的发音，能轻松地听课发言了。

此外，他的成绩也突飞猛进。一年后，于智博代表优秀学生团体，在高中毕业典礼上发言。之后，校长私下告诉他，若不是他最后用中文说了句“谢谢大家”，校长差点忘了他是位外国学生。

读大学后，于智博一路高歌，依靠自己的努力，从三流的大学转入到哈佛大学商学院。2009 年，他顺利毕业，作为曾是花旗银行 10 名“全球领袖计划成员”之一的尖端人才，被世界五百强企业联想集团聘用，成为总裁高级助理。

情商分析 困难并不可怕，可怕的是不敢战胜困难。只要努力奋斗，就一定会有所收获。

情商借鉴 我要一步一步往上爬

情商 PK：**默巴克、同学们**
情商最高者：**默巴克**
情商值：**100**

你独一无二

文/沙　尔

默巴克出生于美国一个贫困家庭，从小饱受歧视。他凭借着不屈的毅力，19 岁时考入美国名校斯坦福大学。但家庭经济的窘迫，容不得他像富家子弟那样悠闲自在，他不得不利用课余时间四处奔波，赚取微薄的收入，维持简单的生活。

默巴克主动向校方提出勤工俭学，包揽学生公寓的卫生打扫。他非常珍惜这份工作，干活一丝不苟。打扫公寓时，默巴克经常在墙脚和床铺下面清扫出一些硬币来，他都会主动问同学们，这是谁丢失的。同学们要么不屑一顾，要么就是懒洋洋地告诉他："不就是几枚破硬币吗？谁稀罕。你不嫌弃就拿去好了。"

虽然他们语带讥讽，默巴克并不尴尬。在同学们怪异目光的注视下，他默默捡起了一枚枚带着灰尘的硬币。

第一个月下来，默巴克把捡到的硬币进行清点，连他自己也感到吃惊：竟有 500 美元之多！这令他喜出望外。这些白白捡来的硬币，不仅解决了学费的燃眉之急，而且还让自己的生活质量大为改善。

这份额外的收入让默巴克突发奇想。他决定把人们不重视硬币的事情反映给国家有关部门。他分别给国家银行和财政部写了信，建议上述部门应该关注小额硬币被白白扔掉的情况。财政部的回信很快到达，告诉这位大学的贫困高材生——"正如你反映的那样，国家每年有 310 亿美元的硬币在市场上流通，却有 105 亿美元被人随手扔在墙脚和别的地方，虽然多次呼吁人们爱惜硬币，但收效甚微，我们对此

情商分析 默巴克曾说过：“每个人在这个世界上都是独一无二的，也许你的出身很卑微，也许你在某个方面不如别人，但你要永远记住，没有任何人能够取代你独有的位置。只要坚守自我，自信昂扬地经营生活，你的人生就一定会如你所愿。”

每个人都是独一无二的 情商借鉴

也无能为力。”

这样的答复不免让默巴克沮丧，但同时他也从中看到了潜在的巨大商机。从此，他便用心收集关于硬币方面的资料。从资料中他得知，一般硬币的寿命可达 50 年左右，而这些硬币常散落于各家各户的墙脚、沙发缝、床底下和抽屉等角落。

默巴克决心从中打开缺口，开创事业。1991 年，默巴克大学毕业，他不像其他同学那样奔波求职，而是针对人们日益增长的换取硬币的需求，成立了一个“硬币之星”公司，并购买了自动换币机，安装在附近的各大超市。顾客每兑换 100 美元硬币，他会收取 9%的手续费，所得利润与超市按比例分成。

开业伊始，默巴克“硬币之星”公司的生意便异常火爆，他不仅赚取了丰厚的利润，也大大方便了超市和顾客，赢得了人们的普遍欢迎。

默巴克继续扩大公司的业务，把“硬币之星”燃遍了全美，并获得了巨大成功。1996 年，开张仅 5 年时间，“硬币之星”公司便在全美 8 900 家大型超市设立了 11 800 个自动换币机连锁店。又过了两年，当年那个被人们讥讽为穷小子的默巴克，摇身一变成了亿万富翁，“硬币之星”成为纳斯达克的上市公司。

情商 PK：**母亲、杰西卡**
情商最高者：**杰西卡**
情商值：**90**

隐形的翅膀

文/夏转转

她出生时就没有双臂。懂事后，她问父母："为什么别的小朋友都有胳膊和双手，可以拿饼干吃，拿玩具玩，而我却没有呢？"

母亲强作笑脸，告诉她说："因为你是上帝派到凡间的天使，但是你来时把翅膀落在天堂了。"她很高兴："有一天我要把翅膀拿回来，那样我不但能拿饼干和玩具，还会飞了。"

7 岁上学前，母亲请医生为她安装了一对精致的假肢。那天，母亲对她说："我的小天使，你的这双翅膀真是太完美了。"但她却感觉到，这个冷冰冰的东西并不是自己的那对翅膀。在学校里，缺少双臂的她成了同伴们取笑的对象。假肢不但弥补不了自卑，反而让她深切意识到自己的残疾。随着年龄的增长，她越来越感觉到残疾的可怕——她觉得自己是一只被牵着线的木偶，做任何一件事情都要依赖父母。

课余时间，同学们最大的乐趣是荡秋千，而她只能站在远处痴痴地看着那些孩子们在空中飞舞着，欢笑着。只有他们走完后，她才偷偷坐到秋千上，忘情地荡起来。这个时候，她会闭上眼睛，听耳边掠过的风声，想象自己找回了失去的双臂，像天使一样在操场上空飞翔。

14 岁那年的夏天，父母带她乘船到夏威夷度假。

每天，她站在甲板上，任两个空荡荡的衣袖随风飞舞。每当看到海鸥在风浪中自由飞翔，她都情不自禁地叹息："如果我有一双翅膀该多好，哪怕只飞一秒钟。"

"孩子，其实你也有一双翅膀的！"一个苍老的声音在她耳边响起，她寻声看到了一位黑皮肤的老人，吃了一惊，因为这位老人没有双腿，整个身体就固定在一个带着轮子的木板车上。此刻，老人用双手熟练地驱动着木板车，在甲板上自由来去，她看呆了。她了解到，老人是十年前从非洲大陆出发的，如今已经游遍了世界五大洲的 70 多个国家，而支撑他"走"遍世界的就是一双手。"孩子记住，那双翅膀就隐藏在你的心里。"船靠岸那天，老人的临别赠言让她整颗心一下子飘荡起来。

她开始练习用双脚做事。她用脚夹着钢笔练习写字、梳头、剥口香糖……为了让双脚更有力，她每天通过走路和游泳的方式来锻炼。过于劳累，使她的脚趾经常麻木，抽筋。有一次，她在游泳池里过于疲惫，以致两个脚踝竟然同时抽搐。

她在水中拼命挣扎，喝了一肚子水，所幸被教练及时发现，将她从死亡的边缘拉了回来。不懈的努力让她的双脚越来越敏捷，她的脚趾开始能像手指一样自由弯曲，不但学会了打电脑、弹钢琴，还获得跆拳道“黑带二段”的称号。坚强与自信让她渐入佳境，由于成绩出色，她获得了亚利桑那大学心理学学士学位。但是，她的努力并没有停止。她开始练习用双脚开汽车——她比普通人更快拿到了驾照。

一路走来，她的成就已足够令自己和父母骄傲了。但童年时那个飞起来的梦想却一直挥之不去，她要像天使一样自由飞翔。

一次培训残疾飞行员的机会让她欣喜若狂。她认定这是属于自己的机会。获得轻型飞机的驾照，需要学习 6 个月，她却用了整整 3 年时间。她先后求教过 3 名飞行教练，并挑战各种天气状况，飞行时间达到了 89 个小时。经过艰苦训练，她能够熟练地用一只脚管理控制面板，而用另一只脚操纵驾驶杆。这让教练惊叹不已。

这位身残志坚，可以用双脚熟练驾驶轻型运动飞机，并成功通过私人飞行员驾照考试的女孩杰西卡，今年 23 岁，是美国历史上第一个用双脚驾驶飞机的合法飞行员。

情商分析 不论是身体的缺陷或者外界环境带来的伤害，都不能决定人生的成败，因为这些所有外在的因素都束缚不了我们的梦想。

展开你隐形的翅膀 **情商借鉴**

形体的残缺，环境的艰险，都不是人生成败的决定因素。因为任何有形的力量都囚禁不了心灵，束缚不了梦想。心灵与梦想，是每个人与生俱来的隐形翅膀，只有勇于展开它们的人，才会飞起来，超越一切，抵达幸福的人生彼岸。

情商 PK：**卢娜、病友**
情商最高者：**卢娜**
情商值：**87**

第十七次才敲开门

文/包 睿

1984 年，卢娜·布莱姆 30 岁，她的生命仿佛走到了尽头，她患上了乳腺癌和宫颈癌。在过去的 11 个星期内，她已经经历了两次外科手术——乳房切除术和子宫切除术。现在，她正经受着化疗带来的巨大痛苦。

雪上加霜的是，疾病夺去了她的秀发、积蓄，还有她的丈夫。丈夫不能忍受更多的压力而离开了她，唯一给她留下的就是两个小男孩儿。更糟的是，医生给她下了死亡判决书：她还可以活两年，如果幸运的话，最多五年。

在得克萨斯州 5 月一个闷热的上午，卢娜躺在自己的浴室里，面颊贴着冰冷的地板，这样的刺激可以提醒她不要放弃。她知道，尽管她不断地经受着身体内剧烈的疼痛，可她仍然不能就这么躺着自怜自叹。她必须拿出全部精力来照顾两个儿子。这就意味着，她必须得找一份工作。当时，卢娜只想着怎样能生存下来，财富和成功这两个词压根儿就没进过她的脑子。

从哪儿开始呢？朋友建议卢娜在销售行业寻找一份工作，她认真地想了想，决定试试。

在所有的销售类工作中，卢娜最终选定了男性占主体的汽车销售领域。她知道，在汽车销售这个行业可以挣到不错的薪水。她也曾不止一次注意到，大多数汽车推销员往往只顾着埋头同夫妇顾客中的男士谈话，而忽略了身旁的女士。直觉告诉她，女人在一个家庭的决策过程中占有非常重要的位置。她相信，这是一个机会。

带着一肚子的“直觉”，顶着一头略显滑稽的金黄色假发，卢娜开始向她的汽车推销员工作迈进了。“你们是否打算雇一个女人帮你们推销汽车？”她问。“不！”粗率无礼的回答一遍遍地重复着。她从 16 个销售经理那儿得到了相同的答复。然而，卢娜并没有放弃。她不能放弃！“我认为勇气可以赐给你力量。”她说，“当你每天早上醒来的时候，你都要对着镜子说：‘今天我一定要鼓足勇气！’”

前面的努力一次次地被击碎了。于是，在做第十七次努力时，卢娜修改了她的措辞，向销售经理认真讲述了一番她对女性购车者的独特想法后，卢娜被当场录用！她的汽车销售生涯从此开始。

在这个几乎全部是男性的工作环境中，卢娜是一个彻头彻尾的新手。“我开始了和他们之间的激烈竞争，我打败了他们。”卢娜在工作的第一年，就获得了“年度销售人物”的称号。而此时，卢娜的癌症病情也逐渐得到了控制，她的身体不断强壮起来。

在其后的日子里，她不断地努力，不断地被提升。在做到高管的位置后，她决定开创自己的汽车销售公司。在 1989 年，距离卢娜为了治病养家卖掉自己第一辆车整整 5 年的时候，“真爱克莱斯勒”——一间属于卢娜的汽车销售商店诞生了。

今天，卢娜的身体越来越好，她已经成为两家汽车销售商店的老板，她公司每年的收入达到 4.5 亿美元。

这位 30 岁时失去了乳房、子宫、婚姻的家庭妇女，并没有把自己的生命抛弃在那冰冷的浴室地板上，而是戴上一顶廉价的假发，勇敢地冲进了男人主宰的汽车世界。是的，是冲进去的。卢娜说：“有时仅靠敲门是不够的，你还必须冲进去，让门里的世界向你屈服。”

情商分析 当你每天早上醒来的时候，你都要对着镜子说：“今天我一定要鼓足勇气！”这样每天一起来，你就会暗示自己充满自信地开始一整天的工作。

情商借鉴 鼓足勇气，勇往直前

情商 PK：**王宝强、嘲笑者**
情商最高者：**王宝强**
情商值：**95**

不抛弃不放弃

文/徐 建

一个地地道道农民的儿子，外表看上去与在城市里打工的千千万万农民工没有任何区别，没有接受过任何与演员这个职业有关的培训，也没有哪怕一点点在一般人看来是成功必须的一些“社会资源”，甚至没有一个“城里人”亲戚，唯一有的只是一个要靠演电影来摆脱贫困生活的梦想。他的梦想实现的几率有多大？

当许许多多都市青年沉迷于港台、韩国的那些胡编乱造、不食人间烟火的所谓“青春励志”电视剧，为剧中人物唏嘘长叹，继而感怀自己的时候，王宝强却用他的十多年的不懈努力，演绎了一个真实的青春励志故事。

“以前大家看到我，都‘傻根’‘傻根’地叫，现在他们都改叫‘许三多’了——这是我最骄傲的事情，因为它说明我这几年的努力没白费。”在王宝强特有的笑容中，带着些许自豪。让普通观众熟知王宝强的，是《天下无贼》中的“傻根”和《暗算》中的“阿炳”。在王宝强自己看来，“完全可以代表我王宝强”的则是“许三多”。

王宝强说：“‘傻根’‘阿炳’只能说有我自己的一部分，现实生活中我不可能像‘傻根’那样。而‘许三多’完全可以代表我王宝强，因为无论从举止还是内心，他是一个很丰富很现实的人，而且跟我很像。”

8岁那年，王宝强“决定不能在村里待一辈子，一辈子种地没意义，一定要出去闯”。于是他去了少林寺，因为深受李连杰电影《少林寺》的影响，王宝强以为去了那里就可以拍电影。

在少林寺当了6年的俗家弟子，除了练了一身“真功夫”之外，王宝强连“拍电影”都没有见过一次。这时，他才相信了寺里的和尚对他说的话：这里真的不是拍电影的地方。

16岁的时候，王宝强决定去“能拍电影的地方”——北京。当时，他的父母对他说：你这没头没脑的孩子能闯出个什么天地来？的确，一个农民的儿子，没有任何可利用的社会资源和背景，也没有接受过任何演员的训练，想通过演电影来改变自己的人生，从当时看来他这个理想的确有些不可思议。

“北漂”生活是极其艰苦的。那时王宝强每天生活的主旋律就是在北影门口等待一个群众演员的机会。如果等到了，每天可以挣20块钱，还有剧组的盒饭吃。

这个机会不是经常有的。为了生活，王宝强就在北京的各个建筑工地上做起了农民工。

让王宝强记忆特别深刻的是一个除夕。当时他口袋里只剩下 2 元钱，在这个举国欢度春节的时刻，他只能选择躺在工棚里睡觉，用睡觉来熬过那阵阵袭来的饥饿和孤独。王宝强说他那个时候从来不告诉父母他在北京做什么，只说自己挺好的，因为怕父母担心。

王宝强说："我跟许三多的经历很像，他在当兵前被他爹叫'龟儿子'，都不敢言语。我刚从老家到北京去做北漂时，也很懦弱，怕被别人瞧不起。因为俺家是农村的，没有背景，没有条件。我做武行，却又长了一个苦瓜脸，他们都嘲笑我，说我一辈子不会有什么出息。我很自卑，但也很好强，所以刚到北京那会，经常打架。"

一个偶然的机会，导演李扬在众多的试镜资料片中看到了王宝强，于是，18 岁的王宝强被选中出演处女作《盲井》。这部电影于2003 年获金马奖"最佳新人奖"，2004 年获法国杜维尔亚洲电影节"最佳男演员奖"和泰国金鸟电影节"最佳男演员奖"。

也因为这一次机会，王宝强终于迎来了自己演戏的春天。之后，他又接拍了冯小刚导演的《天下无贼》，也正因为这部剧让他"傻根"的形象深入人心，获得了观众缘。在这之后，他得到的机会也越来越多，但对他而言，真正演绎出自己的依然是和自己本性最像的"许三多"。

情商分析 王宝强曾说："我很幸运，不光是因为我等到了机会，还因为这个机会是在我最单纯的年代降临的。我不敢保证，假如换了今天的我，我还会不会相信这个机会最终真的会到来。"

坚持到底，等待机会 **情商借鉴**

情商 PK：**大树、成功者**
情商最高者：**大树**
情商值：**100**

感谢两棵树

文/大 成

一个年轻人，从小就是人见人爱的孩子。上学时是三好学生、班干部，初二那年参加全国奥数比赛，获得一等奖。17 岁不到，他就被保送到某大学深造。命运在他接到大学录取通知书那年的暑假，给他开了一个不大不小的玩笑：一次过马路时，一辆飞驰而来的车辆无情地夺去了他的双腿和左手。面对这飞来横祸，他没有被打倒，最终凭着惊人的毅力自学完成全部大学课程，后来又创办了自己的公司，成为一家拥有上千万元固定资产的私企老总，并当选为市里的十大杰出青年。我问他如何克服这难以想象的惨痛折磨，取得今天的成绩，这些年来最想感谢的人是谁。

他的答案完全出乎我的意料，他最想感谢的既不是给他巨大关爱的父母，也不是一直鼓励和支持他的朋友。面对我的提问，他极快地回答：我要感谢两棵树！

遇到车祸之后，对从小就出类拔萃、自尊心极强的他来说，可算是世界末日的来临。看看自己残缺不全的身体，他痛不欲生，感到一生就这样毁了，人生再没有什么值得追求的目标和意义，一度想要自杀。为了让他散心，转移一下注意力，在他出院以后，家人特意把他送到乡下的姑妈家静养。在那里，他遇到了决定他生命意义的两棵树。

姑妈家住在一个远离城市的小村子，这里宁静、安逸，甚至有些落后。他待在姑妈的小院子里，每天吃饭、睡觉，一天天地打发着他认为不怎么宝贵的时光，人也变得灰心丧气和慵懒。

一晃半年过去了。一天下午，姑妈家下田的下田，上学的上学，仅他一人在家。百无聊赖的他，自己摇动轮椅走出了那个小小的院落。就这样，似乎冥冥之中自有安排，他与那两棵树不期而遇。那是怎样的两棵树啊！在离姑妈家五六十米的地方，有两棵显得十分怪异的榆树，像藤条一般扭曲着肢体，但却顽强地向上挺立着。两树之间连着一根七八米长的粗粗的铁丝，铁丝的两端深深嵌进了树干里。不，简直就是直接缠绕在树里！

见他好奇的样子，一旁的邻居主动告诉他，起初是为了晾晒衣服的方便，七八年前，有人在两棵小榆树之间拉了一根铁丝。时间一长，树干越长越粗，被铁丝缠绕的部分始终冲不出束缚，被勒出了一圈深深的伤痕，两棵小树奄奄一息。就在大家都以为这两棵榆树再也难以成活的时候，没想到第二年一场冬雨过后，它们又发出了新芽，而且随着树干逐渐变粗，年复一年，竟将紧箍在自己身上的铁丝“吃”了进去！

莫名地，他的心被强烈地震撼了：面对外界施加的暴力和厄运，小树尚知抗争，而作为一个人，又有什么理由放弃对生活的努力呢！面对这两棵榆树，他感到羞愧，同时也激起了深藏于内心的那份不甘。他用自己仅存的右手，艰难地从坐了半年多的轮椅上撑起整个身体，恭恭敬敬地给那两棵再普通不过，却又再坚强不过的榆树，深深鞠了个躬。

很快，他便主动要求回到城里，拾起了久违的课本，还有信心，开始了属于自己的新生活。

听他平静地讲完这段故事，我长久无语。

情商分析

生活中的我们不就像那两棵小树一样吗，磨难在我们的身上烙下印记，有人因为伤疤自甘堕落，有人因为疼痛放弃追求，但那些不惧伤痛的“小树”最终都茁壮成长了。

情商借鉴

面对厄运，奋起抗争

情商 PK：**安妮、推销员、老板**
情商最高者：**安妮**
情商值：**115**

只做最容易的事

文/道　森

在纽约的第五大道，有一家复印机制造公司，他们需要招聘一位优秀的推销员。老板从数十位应聘者中初选出三位进行下一步的考核，其中包括来自费城的年轻姑娘安妮。

老板给他们一天的时间，让他们在这一天时间里尽情地展现自己的能力。走出公司后，这几位推销员开始商量。一位说："把产品卖给不需要的人——这最能体现能力了，我决定去找一位农夫，向他推销复印机！""这个主意太棒了！那我就去找一位渔民，把我的复印机卖给他！"另一位应聘者兴奋地说。安妮考虑了一下说："我觉得那些事情太难了，我还是选择做容易点的事情吧！"

第二天，老板在办公室里召见了这三位应聘者："你们都做了什么最能体现能力的事？"

"我花了一天时间，终于把一台复印机卖给了一位农夫！"

一位应聘者得意地说："要知道，农夫根本不需要复印机来工作，我却能使他买下一台产品！"老板点点头，没说什么。

"我用了两个小时跑到郊外的哈得孙河边，又花了一个小时找到一位渔民，接着我又足足花了四个小时，费尽口舌，终于在太阳即将落山时说服他买下了一台复印机！"

另一位应聘者同样得意扬扬地说："事实上，他根本就用不到复印机，但是他买下了！"

老板仍是点点头，接着问安妮："那么你呢？小姑娘，你又把产品卖给了什么人，是一位系着围裙的家庭主妇？还是一位正在遛狗的阔夫人？"

"不！我把产品卖给了三位电器经营商！"安妮说着，从文件包里掏出几份文件来递给老板说，"我在半天里拜访了三家经营商，并且签回了三张订单，总共是600台复印机！"

老板喜出望外地拿起订单看了看，然后他宣布录用安妮。这时，另两名应聘者不服气地提出了抗议，他们觉得卖给电器经营商丝毫没有什么可奇怪的，这也根本体现不出安妮有任何能力。他们认为安妮的能力根本无法与他们相提并论。

“我想你们对于能力的概念有些误解！能力不是指用更多的时间去完成一件最不可思议的事，而是用最短的时间完成更多最容易的事！”

老板接着严肃地说：“让农夫和渔民买下复印机，我甚至怀疑你们是不是花言巧语地胡乱吹嘘了许多复印机的功能！如果是这样的话，我必须要提醒你们，这是一个推销员的最大禁忌！”

在日后的工作中，安妮一直都秉承一条原则：把所有的精力都用来做最容易成功的事情！多年后，安妮创下了年销售 200 万台的世界纪录，至今无人能破！她不仅被美国《财富》杂志评为“20 世纪全球最伟大的百位推销员之一”，而且还被推选为这家复印机制造公司的首席执行官！

她就是在前不久刚刚宣布退休的全球最大复印机制造商——美国施乐公司的前总裁安妮·穆尔卡希。安妮在自己的回忆录《我这样成功》中写道：真正的脚踏实地，不是追求不切实际的目标，而是认真勤奋地做好眼前的事。我的成功就是用最短的时间做更多最容易的事情！

情商分析 最容易的事情往往是最容易被忽视的事。在现实生活中，我们总是眼高手低，认为最容易的事不重要。殊不知，只有先解决最容易的事，才有更多的精力解决越来越难的问题，从而争取更多的时间。

情商借鉴 勤能补拙，亦能节省时间去解决更多更难的问题

情商 PK：**袁占彪、同学**
情商最高者：**袁占彪**
情商值：**87**

“励志哥”袁占彪

文/张佳雨

今年25岁的袁占彪出生于青海西宁互助县的一个贫困家庭。在他13岁时，父亲因脑溢血突然离开人世，生活的重担一下子全压在了母亲身上。

看到母亲每日为10多亩地辛勤劳作，袁占彪很是心疼。他想放弃学业，减轻母亲的经济负担，但遭到母亲的坚决反对。母亲对他说：“家里的贫困是暂时的，我能扛得住。我只希望你能好好学习。”从此，袁占彪一头钻进了初中课程的学习中。经过艰辛的努力，初中毕业参加中考，他的成绩位列全校第一。

然而，懂事的袁占彪只要一想到母亲那快压弯的背，就忍不住落泪。他何尝不想上高中，读大学，但家里实在太穷了，实在没办法同时供他和弟弟读书。家里除了一盏电灯，没有任何家用电器，就连每月的2元电费也要向邻居们借。

于是，袁占彪含泪对母亲说：“我已经15岁了，是‘男子汉’了。我计划先辍学打工，帮助家里减轻负担，供弟弟上学。等家里经济条件稍好的时候，我再上大学。”

2000年的秋季，当同学们愉快地踏入高中，开始全新的学习生活时，袁占彪却正式辍学在家，面朝黄土背朝天地干起了农活。农忙时，他同母亲一起种地。农闲时他则到西宁打工。他什么苦活儿都干过：端过盘子，干过建筑小工，甚至修过青藏铁路。一年下来，挣了4 000多元。虽然收入不算高，但他毕竟能够养活自己，还能把剩余的钱寄给家里供弟弟读书。

2007年的春节，袁占彪初中时的一个同学来找他玩。此时，袁占彪的弟弟已长大成人且念了大学，于是他的同学就鼓励他：“你学习成绩那么好，何不去读书考大学？”看到当年比自己学习成绩差的这位伙伴都考上了大学，袁占彪不禁心动了。当晚，袁占彪兴奋得一夜未睡，心里一直在想：“我要读书，我要考大学！”在同学和母亲的热情鼓励、支持下，袁占彪重拾课本，返回校园，读起了初三。他只花了四个星期，学习成绩就稳坐了第一名的宝座。

2010年高考，袁占彪考了558分，以学校第八名的成绩考入华中科技大学能源与动力工程学院。

2010年9月1日，袁占彪拿着6 000

元生源地助学贷款及向亲戚借的 3 000 元去学校报到。作为华中科技大学2010届“最大龄”新生，1985 年 12 月出生的袁占彪明显比“90”后的同学成熟。师生们在得知他的不平凡经历后，无不深受感动。他们迅速在学校网站上宣传他的事迹，将他称为“励志哥”。

更令袁占彪激动和难忘的是，9 月 6 号晚上，被同学们亲切地称为“根叔”的院士校长李培根亲切接见了他，并与他座谈。校长李培根鼓励他说：“25 岁上大学，一点都不晚！实际上，我也是 25 岁才上大学。高中毕业后，我当过农民、工人，绕了一圈后才回到大学校园……从某种意义上来说，贫穷和磨难是你一辈子都受用无穷的财富，这是普通大学生无法比拟的。希望你不要因为曾经受苦而为出人头地所累，更不要刻意去追逐名利。”

能够当面聆听“根叔”的谆谆教诲，袁占彪倍感温暖和幸福。这漫长的求学路，他走得艰辛而坎坷，但不论道路如何崎岖，他都会一直坚持走下去。正如他自己所说：“我一定会明确自己的目标，踏踏实实做人，勤勤恳恳做事，认认真真做学问。”

情商分析 不是每个人都能很幸运地成长在一个物质充足的家庭，面对贫困的生活环境，坚强的意志显得尤为重要。尽管这条道路坎坷崎岖，但只要坚持到底，就一定能看见希望的阳光。

情商借鉴 踏实做人，勤恳做事

情商 PK：**我、同学、面试官**
情商最高者：**我**
情商值：**85**

我要欣赏我自己

文/安宁

大学毕业的时候，我拿了厚厚的简历去各个大城市跑招聘会。周围的同学都很佩服我，说像我们这样不知名的地方师范学院的毕业生，也就是回小县城或乡镇上去教个中学，大城市的学校想都不敢想，更不用说像我一样勇敢地去应聘了。

这样的话，我只当耳旁风，照样一家家地去跑，一次次地经受着招聘人的不屑和白眼。终于在其他同学都早早地签了家乡的中学的时候，北京一家中学的校长通知我去面试。

这时候的我早已习惯了漫不经心的问话，这个校长也不例外。看我进来，他头也没抬地便问："怎么没有听说过你们这个学校呢，是民办的吧？"我没有回答，只是反问道："贵校是要招聘老师还是招聘名牌大学的名号呢？"他显然吃了一惊，很认真地抬头打量了我一下，随后看着自信满满的我笑道："一个女孩子敢从东北闯到北京来，这边一定是有亲人吧？"我依然没有正面回答他的问题，而是说道："我不需要依靠别人的扶助，我只是欣赏我自己，相信我不比任何名牌大学的学生差，别人的褒或贬，我想对我个人，还有我的工作能力，并不会有什么样的影响。"就是这样的一席话，终于让这个校长点头通过了我。但也只是同意我留下来，在真正去工作的时候，他还是将"出身"卑微的我，安排到最差的两个班级。

这两个班的学生，都是升学近乎一点希望都没有的差生，而且他们自己也自暴自弃，上课的时候能趴在课桌上睡觉，已经是他们最好的表现了。带这个班的老师们也都是应付了事，因为校长已经明确表示，只要让这些学生不出什么意外地毕业走出去就 OK 了，至于成绩，就不计入工作业绩了。有了这样的话，学生再怎么捣乱，老师们皆听之任之。

我这样一个刚毕业的老师，且是非名牌大学毕业的，当然只有教两个差班的份儿。也就是说，不论我怎么努力，我都不会像其他一起来的同事一样，有可以拿来炫耀的工作成绩。有好心的同事劝我去找校长，说不管怎样，带一个好班总是可以的，要不，何时才能熬出头呢？而我，却是什么也没说，像其他人一样，努力去向最优秀的老师看齐。

困难当然是数不胜数。来自同事的同情和领导们的冷淡，就已让我孤单；而那些放纵不羁的学生，更是让我头疼。常常会有学生拿搞怪的问题问我，或是在我的课上发短信、看小说、闲谈，甚至自由出入。我辛辛苦苦写的评语，他们看都不看。考试的时候，他们居然明目张胆地拿出书来抄。在路上遇到了我，不喊老师却是笑嘻嘻地高叫“美女”。有许多次，我被他们气得哭，周围的同事只是不咸不淡地扔下一句“值得吗”便埋头去统计学生的分数。但很庆幸，我没有放弃，也没有一味地拿学生的错误来折磨自己。我很执着地一步步实施着自己的爱心策略，不只是单纯地教课，还与这些其实很可爱也很聪明的孩子们交心。我用行动真诚地告诉他们，命运把我们扔到最低谷，其实是对我们的一种恩惠，因为，我们再不会有往下落的痛苦，哪怕往上爬小小的一步，也是别人眼中渴盼的成功。

这些孩子的心，就这样一点点地被我打开。而且在尝到成绩进步带来的欣喜后，他们开始将种种的坏习惯艰难又极有韧性地抛弃掉。一年的努力，竟让这两个无人关心的班的成绩有了明显的进步，我教的语文，甚至超过了好班的成绩。这当然引起了校长的注意，他把我叫到办公室去，笑着问我：“愿不愿意调到好班去？”我摇头，笑着回道：“我是一个老师，教的是学生，而且，是能出成绩的学生，至于他们出身的好坏，基础的优劣，我想，不会是什么重要的问题吧？”

半年后，因为出色的表现，我还是被调到了市中心的本部。在那里，我文笔好的优势开始发挥。我学会了用最少的时间，最得当的方法，将知识传授给学生。我

成了全校“小资”老师的代表，既能将学生带好，又能让自己的生活过得舒适且多姿多彩。我用周末的时间给一家时尚杂志做编辑，采写北京城里那些有着张扬写意人生的女子们。我用三年的时间，攒下一笔钱，买了一个30平方米的小房子。它正对着一个漂亮的花园，每天起床，我都会看到美好又新鲜的阳光撒满洁净的落地窗。再没有什么能比这样处处充满希望和挑战的清晨更让一个“北漂”的女孩子无比幸福的吧？

而那些在东北小县城里羡慕着我的同学，怕是怎么也不会想到，从不知名学校毕业的我，会在三年后，爬到这样处处看得到风景的高台上来。而我，在他们带着淡淡嫉妒的惊讶里，只是会轻轻说一句：我只是知道欣赏自己罢了。

真的就是这么简单。

情商分析

每个人都有自己的缺陷和弱点，但倘若你无法从自己的劣势中走出来，认为自己低人一等的话，即使上天给你一个成功的机会，你也会因为不自信而不敢接受。所以，不管你是否是名校毕业或者是否拥有强大的背景，欣赏自己，依靠自己，才是成功最有效的方式。

情商借鉴 要学会欣赏自我

情商测试

QINGSHANG CESHI

测试你的自信心

1. 一旦你下了决心，即使没有人赞同，你仍会坚持做到底吗？

A. 是　　B. 否

2. 参加晚宴时，即使很想上洗手间，你也会忍着直到宴会结束吗？

A. 是　　B. 否

3. 如果购买性感内衣，你会尽量邮购，而不亲自到店里去吗？

A. 是　　B. 否

4. 你认为自己是个较完美的人吗？

A. 是　　B. 否

5. 如果店员的服务态度不好，你会告诉他们的经理吗？

A. 是　　B. 否

6. 你不常欣赏自己的照片吗？

A. 是　　B. 否

7. 别人批评你，你会觉得难过吗？

A. 是　　B. 否

8. 你很少对人说出你真正的意见吗？

A. 是　　B. 否

9. 对别人的赞美你持怀疑态度吗？

A. 是　　B. 否

10. 你总是觉得自己比别人差吗？

A. 是　　B. 否

11. 你对自己的外表满意吗？

A. 是　　B. 否

12. 你认为自己的能力比别人差吗？

A. 是　　B. 否

13. 在聚会上，只有你一个人穿得不正式，你会感到不自在吗？

A. 是　　B. 否

14. 你是个受欢迎的人吗？

A. 是　　B. 否

15. 你认为自己很有魅力吗？

A. 是　　B. 否

16. 你有幽默感吗？

A. 是　　B. 否

17. 目前的工作是你的专长吗？

A. 是　　B. 否

18. 你懂得搭配衣服吗？

A. 是　　B. 否

19. 危急时，你觉得自己冷静吗？

A. 是　　B. 否

20. 你与别人合作无间吗？

A. 是　　B. 否

21. 你认为自己是个寻常人吗？

A. 是　　B. 否

22. 你经常希望自己长得像某某人吗？

A. 是　　B. 否

23. 你经常羡慕别人的成就吗？

A. 是　　B. 否

24. 你会为了不使他人难过，而放弃自己喜欢做的事吗？

A. 是　　B. 否

25. 你会为了讨好别人而打扮吗？

A. 是　　B. 否

26. 你会勉强自己做许多自己不喜欢做的事吗？

A. 是　　B. 否

27. 你会任由他人来支配你的生活吗？

A. 是　　B. 否

28. 你认为你的优点比缺点多吗？

A. 是　　B. 否

29. 你经常跟人说抱歉吗？即使在不是你错的情况下。

A. 是　　B. 否

30. 如果在非故意的情况下伤了别人的心，你会难过吗？

A. 是　　B. 否

31. 你希望自己具备更多的才能和天赋吗？

A. 是　　B. 否

32. 你经常听取别人的意见吗？

A. 是　　B. 否

33. 在聚会上，你经常等别人先跟你打招呼吗？

A. 是　　B. 否

34. 你每天照镜子超过三次吗？

A. 是　　B. 否

35. 你的个性很强吗？

A. 是　　B. 否

36. 你是个优秀的领导者吗？

A. 是　　B. 否

37. 你的记性很好吗？

A. 是　　B. 否

38. 你对异性有吸引力吗？

A. 是　　B. 否

39. 你懂得理财吗？

A. 是　　B. 否

40. 买衣服前，你经常先听取别人的意见吗？

A. 是　　B. 否

评分标准

1~15 题 是——1 分 否——0 分

16~35 题 是——0 分 否——1 分

36~40 题 是——1 分 否——0 分

测试结果

25~40 分

说明你对自己自信心十足，明白自己的优点，同时也清楚自己的缺点。不过在此警告你一声，如果你得分接近 40 的话，别人很可能会认为你狂妄自大，甚至气焰嚣张。你不妨在别人面前谦虚一点，这样人缘才会好。

12~24 分

说明你对自己颇有自信，但是你仍或多或少缺乏安全感，对自己产生怀疑。你不妨提醒自己，在优点和长处方面并不输人，自己也有才能和成就。

11 分以下

说明你对自己显然不太有信心，你过于谦虚和自我压抑，因此经常受人支配。从现在起，尽量不要去想自己的弱点，多往好的一方面去衡量，先学会看重自己，别人才会真正看重你。